全国高等院校艺术设计应用与创新规划教材
总主编　李中扬　杜湖湘

设计心理学

主　编　周承君
副主编　罗瑞兰
参　编　关　红　王　明　费　雯　等

武汉大学出版社
WUHAN UNIVERSITY PRESS

图书在版编目(CIP)数据

设计心理学/周承君主编；罗瑞兰副主编. —武汉：武汉大学出版社，
2008.12(2013.7 重印)
全国高职高专艺术设计应用与创新规划教材/李中扬　杜湖湘总主编
ISBN 978-7-307-06676-2

Ⅰ.设… Ⅱ.①周… ②罗… Ⅲ.工业—设计科学—应用心理学—高等学校：技术学校—教材　Ⅳ.TB47-05

中国版本图书馆 CIP 数据核字(2008)第 175977 号

责任编辑：易　瑛

出版发行：武汉大学出版社　（430072　武昌　珞珈山）
（电子邮件：cbs22@whu.edu.cn 网址：www.wdp.whu.edu.cn）
印刷：湖北恒泰印务有限公司
开本：787×1092　1/16　印张：10.25　字数：301 千字
版次：2008 年 12 月第 1 版　2013 年 7 月第 2 次印刷
ISBN 978-7-307-06676-2/TB·24　　　定价：37.00 元

版权所有，不得翻印；凡购买我社的图书，如有质量问题，请与当地图书销售部门联系调换。

全国高等院校艺术设计应用与创新规划教材编委会

主　　任：尹定邦　　中国工业设计协会副理事长
　　　　　　　　　　　广州美术学院教授、博士生导师
　　　　　　林家阳　　教育部高等学校艺术类专业教学指导委员会成员
　　　　　　　　　　　同济大学教授、设计艺术研究中心主任

执行主任：李中扬　　首都师范大学美术学院教授、设计学科带头人

副 主 任：杜湖湘　　张小纲　　汪尚麟　　陈　希　　戴　荭

成　　员：（按姓氏笔画排列）
　　　　　　王广福　　王　欣　　王　鑫　　邓玉璋　　仇宏洲　　石增泉
　　　　　　刘显波　　刘　涛　　刘晓英　　刘新祥　　江寿国　　华　勇
　　　　　　李龙生　　李　松　　李建文　　汤晓颖　　张　昕　　张　杰
　　　　　　张朝晖　　张　勇　　张鸿博　　吴　巍　　陈　纲　　杨雪松
　　　　　　周承君　　周　峰　　罗瑞兰　　段岩涛　　夏　兵　　夏　晋
　　　　　　黄友柱　　黄劲松　　章　翔　　彭　立　　谢崇桥　　谭　昕

学术委员会：（按姓氏笔画排列）
　　　　　　　马　泉　　孔　森　　王　铁　　王　敏　　王雪青　　许　平
　　　　　　　刘　波　　吕敬人　　何人可　　何　洁　　吴　勇　　肖　勇
　　　　　　　张小平　　范汉成　　赵　健　　郭振山　　徐　岚　　贾荣林
　　　　　　　袁熙旸　　黄建平　　曾　辉　　廖　军　　谭　平　　潘鲁生

总　序

尹定邦　中国现代设计教育的奠基人之一，在数十年的设计教学和设计实践中，开辟和引领了中国现代设计的新思维。现任中国工业设计协会副理事长，广州美术学院教授、博士生导师；曾任广州美术学院设计分院院长、广州美术学院副院长等职。

我国经济建设持续高速地发展和国家自主创新战略的实施，迫切需要数以千万计的经过高等教育培养的艺术设计的应用型和创新型人才，主要承担此项重任的高等院校，包括普通高等院校、高等职业技术院校、高等专科学校的艺术设计专业近年得到超常规发展，成为各高等院校争相开办的专业，但由于办学理念的模糊、教学资源的不足、教学方法的差异导致教学质量良莠不齐。整合优势资源，建设优质教材，优化教学环境，提高教学质量，保障教学目标的实现，是摆在高等院校艺术设计专业工作者面前的紧迫任务。

教材是教学内容和教学方法的载体，是开展教学活动的主要依据，也是保障和提高教学质量的基础。建设高质量的高等教育教材，为高等院校提供人性化、立体化和全方位的教育服务，是应对高等教育对象迅猛扩展、经济社会人才需求多元化的重要手段。在新的形式下，高等教育艺术设计专业的教材建设急需扭转沿用已久的重理论轻实践、重知识轻能力、重课堂轻市场的现象，把培养高级应用型、创新型人才作为重要任务，实现以知识为导向到以知识和技能相结合为导向的转变，培养学生的创新能力、动手能力、协调能力和创业能力，把"我知道什么"、"我会做什么"、"我该怎么做"作为价值取向，充分考虑使用对象的实际需求和现实状况，开发与教材适应配套的辅助教材，将纸质教材与音像制品、电子网络出版物等多媒体相结合，营造师生自主、互动、愉悦的教学环境。

当前，我国高等教育已经进入一个新的发展阶段，艺术设计教育工作者为适应经济社会发展，探索新形势下人才培养模式和教学模式进行了很多有益的探索，取得了一批突出的成果。由武汉大学出版社策划组织编写的全国高等院校艺术设计应用与创新规划教材，是在充分吸收国内优秀专业基础教材成果的基础上，从设计基础入手进行的新探索，这套教材在以下几个方面值得称道：

其一：该套教材的编写是由众多高等院校的学者、专家和在教学第一线的骨干教师共同完成的。在教材编撰中，设计界诸多严谨的学者对学科体系结构进行整体把握和构建，骨干教师、行业内设计师依据丰富的教学和实践经验为教材内容的创新提供了保障与支持。在广泛分析目前国内艺术设计专业优秀教材的基础上，大家努力使本套教材深入浅出，更具有针对性、实用性。

其二，本套教材突出学生学习的主体性地位。围绕学生的学习现状、心理特点和专业需求，该套教材突出了设计基础的共性，增加了实验教学、案例教学的比例，强调学生的动手能力和师生的互动教学，特别是将设计应用程序和方法融入教材编写中，以个性化方式引导教学，培养学生对所学专业的感性认识和学习兴趣，有利于提高学生的专业应用技能和职业适应能力，发挥学生的创造潜能，让学生看得懂、学得会、用得上。

其三，总主编邀请国内同行专家，包括全国高等教育艺术设计教学指导委员会的专家组织审稿并提出修改意见，进一步完善了教材体系结构，确保了这套教材的高质量、高水平。

因此，本套教材更有利于院系领导和主讲教师们创造性地组织和管理教学，让创造性的教学带动创造性的学习，培养创造型的人才，为持续高速的经济社会发展和国家自主创新战略的实施作出贡献。

目 录

1/第1章 设计心理学概述

2/第一节　设计心理学的定义

9/第二节　设计心理学的研究对象和范畴

13/第2章 设计心理学的研究基础

14/第一节　心理的生理基础

20/第二节　感觉和知觉特性

26/第三节　设计心理学理论来源

31/第3章 设计心理学的研究方法

32/第一节　设计心理学的研究原则

34/第二节　设计心理学的研究方法

39/第三节　设计心理学的研究步骤

43/第4章 设计师个体心理特征

44/第一节　设计师人格与创造力

51/第二节　设计师的审美心理

54/第三节　设计师的情感

ART DESIGN
设计心理学

79／第5章　设计中的视觉传达与受众心理

80／第一节　受众的需要动机与行为

88／第二节　受众态度与设计说服

93／第三节　消费与消费心理

103／第6章　设计中的产品创造心理

104／第一节　工业设计与产品创造

111／第二节　可用性设计

126／第三节　产品设计与用户出错

133／第7章　设计中的环境艺术心理

134／第一节　环境与心理环境

139／第二节　物理环境

145／第三节　社会环境

154／参考书目

155／图片来源

156／后记

第1章 设计心理学概述

第1章 设计心理学概述

本章学习提示

设计是一种文化，离不开对人性的关怀。当今的设计越来越重视使用者精神、情感等心理因素的微妙变化。设计心理学是现代设计的重要分支和研究热点。

本章系统介绍了设计心理学的基本定义、性质、研究范畴、研究意义。

本章学习目标是帮助学生建立系统、科学的大设计观念，使他们习惯从受众的角度设身处地地思考设计中的各种心理问题。本章难点在于学生还不习惯抽象的理论框架，所以授课教师可多讲些具有人性关怀的设计案例，使学生不排斥理论学习。

第一节 设计心理学的定义

心理学是研究人的心理活动规律的科学。设计心理学是以普通心理学为基础，以满足用户需求和使用心理为目标，研究现代设计活动中设计者心理活动的发生、发展规律的科学，属于应用心理学一个新的分支。设计心理学的研究首先离不开对设计概念的界定。

◎ 一、关于设计的再认识

1. 设计的概念

设计是设想、运筹、计划与预算，它是人类为实现某种特定目的而进行的创造性活动。按照中国《现代汉语词典》的定义："设计是在正式做某项工作之前，根据一定的目的要求，预先制定的方法、图样等。"①牛津辞典则认为："设计是脑中的计划；是按构想制定计划与目标，绘制图样，借以实施头脑中的计划与计谋。"②这两种解释，尽管视角或表述各异，但对设计的理解基本相同，如图1-1设计的系统。

日常生活中，很多人都在不知不觉地从事设计活动，比如想

---

① 《现代汉语词典》，北京：商务印书馆1978年版，第1003页。
② 《牛津现代高级英汉双解辞典》，北京：商务印书馆/[英]牛津大学出版社1995年版，第317页。

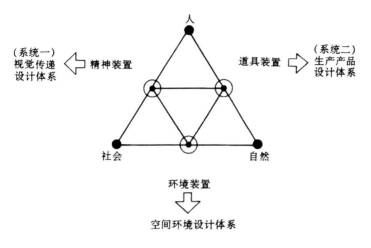

图1-1 设计的系统

做一只风筝（图1-2），首先要考虑风筝逆风而升的平衡原理；构想或勾画风筝的形状、模样；再来选择材料，制作骨架，贴面料，点缀装饰；最后在放飞试验中，还要检查兜风、稳定、是否惹人喜爱等效果，进行调整和校正。这些不为人们意识的设计活动，如同说话走路一样自然，遍及人类活动的各个角落。

设计还有"意匠"的涵义：如工业意匠，便是英语Industrial Design的对译。指的是人类对工业化物质生产成果的一种能动地创造，也是人类在现代大工业条件下按照美的规律造型的一种创造活动。

设计是一种文化，文化是设计的灵魂。就像是"根与植物"的关系，优秀的设计一定蕴含了深层的文化内涵。

今天，设计的触角已经深入到人类活动的所有领域。

(1)工程设计。

凡是以特定使用功能为设计目标进行使用功能、工作原理及结构关系的设计，都属于工程设计。如图1-3a，图1-3b，图1-3c这些经典的建筑都是人类完美的设计杰作。

工程设计的成果是物质产品，而且以实现一种使用功能为目标。

现代工程设计不断借鉴与沿用工艺美术设计与艺术创作的方法，强化了意匠的设计思想，除了设计工程图样外，还绘制产品的效果图，制作产品的模型，策划产品的宣传与其视觉传达，设计展示道具与空间环境等。工程设计的物质产品绝不亚于一件工艺美术作品，像建筑设计的外观图，本身是一幅美术作品，而服

图1-2 风筝

图1-3a

图1-3b

图1-3c

图1-4a

图1-4b

图1-5a

图1-5b

图1-5c

装设计的时装模特画,时装模特的表演,都很难界定是属于工程设计还是属于艺术创作。如图1-4a,图1-4b时装效果图。

(2)工艺美术设计。

凡是以视觉欣赏为设计目标,进行艺术加工制作的方法、技艺的构想与设计,都属于工艺美术设计。

工艺美术设计一般分为两类:一是日用工艺,即经过装饰加工的生活用品,如家具工艺、染织工艺等;二是陈设工艺,即专供欣赏的陈设品,如玉石雕刻、装饰绘画、点缀饰物等。如图1-5a、图1-5b、图1-5c等都是传统工艺美术设计的杰作。

工艺美术设计的成果是工艺品,既有塑造形象直观性的特点,又有实用功能服务的特点;既要像工程设计那样构想实用功能、工艺方法,又要像艺术创作那样实现艺术审美的物化。

工艺美术设计与制作主要是传统手工艺,它具有明显的历史传承性,比如,四千年前奴隶社会的青铜工艺传承至今,成为金属工艺;一万年前新石器时代的制陶工艺成为现代的陶瓷工艺等。如图1-6a、图1-6b是古代青铜器殷商妇好三联甗和西周甗。

图1-6a 妇好三联甗

图1-6b 西周甗 西周早期甗,造型古朴大方,生动奇伟,上部用以盛放食物,称为甑;下部是鬲,用以煮水,外壁饰有兽面纹,底有三足。

传统工艺的技艺,还有编织、印染、刺绣、陶瓷、玉雕、石雕、木雕、牙雕、漆器、金属工艺等。

工程设计、工艺美术设计都是为了预定目标进行构想、计划的苦思冥想的造物过程,都是从无到有的审美创造活动。设计者、工艺美术家、艺术家为了物质世界与精神世界的美好,必然要携手并肩,共同开辟设计之路。

2.设计的心理活动

设计心理是指设计者在产品的功能原理构想、结构设计计算、设计方案表达、工艺流程制定过程中的一系列心理活动。"设计是人类特有的一种实践活动……一刻也离不开对造物的苦思冥想和实际的造物活动，借此调节主客体之间的关系。"[①]这种造物的苦思冥想正是设计中的心理活动过程。人类和动物最根本的区别，就在于人的实践活动是有目的、有意识地造物，并能制造和使用生产与生活工具。因为人的认识有感觉、知觉和思维，有接收、分析、处理外界刺激与信息的能力，见图1-7刺激与行为的基本过程。

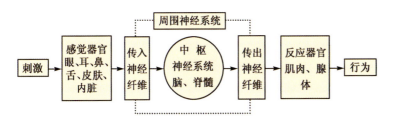

图1-7 刺激与行为的基本过程

图1-8a

人类依靠自身特有的头脑，学会了应对各种环境并借助客观规律去驾驭自然。如同恩格斯所说："人离开动物越远，他们对自然的作用就越带有经过思考的、有计划的、向着一定的和事先知道的目标前进的特征。"[②]设计的心理活动，对应了马克思评价的"人类的特性——自由的自觉的活动"。人类这种自由、自觉地认识世界、改造世界的能力，称为人的本质力量。而人的本质力量在感觉与知觉上的显露与表现，是设计心理活动的本质。

早在15世纪的欧洲文艺复兴时期，达·芬奇就开始将预先设想的方案写在纸上并绘制图样，留下了很多机器设备的草图，有兵器、舰艇、锻压设备等，构想了传动轴、齿轮、曲柄连杆等机械传动的零部件等，见图1-8a、图1-8b、图1-8c。

设计的创造过程是设计师的"编码"过程，是对设计资源进行有意义的解构和重新组合。完整的设计包括受众的接受过程，而受众的接受程度是设计成功度的重要参照指标。受众的"解码"思维决定了其接受性质，因此，设计师通过从形式到内容的一系列设计，把所要表现的对象的特色及精神巧妙地视觉化。设计师要成功挖掘出设计对象的思想和精髓，必须对心理学中关于个体的认知特性、消费心理特征等进行深入研究，如什么样的设

图1-8b

图1-8c

[①] 陈能林：《工业设计概论》，北京：机械工业出版社2003年版，第3页。
[②] 恩格斯：《自然辩证法》，北京：人民出版社1956年版。

计形态和色彩会吸引观众的注意,什么样的设计元素和设计符号会引起用户在情感上的共鸣等一系列相关因素都需要考虑。总之,只有把握受众的心理,设计才能被认可和接受,见图1-9设计师编码和受众解码过程。

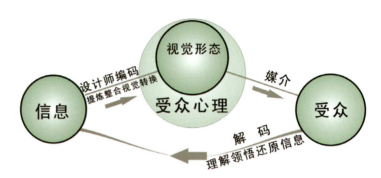

图1-9 设计师编码受众解码过程

◎ 二、设计心理学的性质

设计心理学是一门具有特殊性的交叉学科,它具有自然科学、人文社会科学的双重属性,它的科学性同时反映于"艺术科学"整体累积的知识和自然科学的实证研究两个方面:

一方面,设计心理学将运用阐释主义的研究方法(定性研究),通过对设计艺术领域中已经发生的事实性的知识,例如风格、潮流、器物的演变等现象进行溯本求源的研究,用人文心理学(例如精神分析学、人本心理学以及心理美学)的相关知识和理论来解释这些现象背后人的心理行为的根源;另一方面,设计心理学还将运用科学心理学(认知心理学、实验心理学)的相关科学研究的方法(定量研究)范式,对设计主体进行科学的测试和研究,从这个角度看,设计心理学的科学性能体现前面所说的自然科学的科学性,即客观性、可验证性和系统性。具体表现为:

第一,设计心理学的研究针对的是设计艺术相关行为中各种主体的行为,即通过外界环境的变化和刺激与设计领域中的主体行为之间的对应关系来总结一些规律性的东西;

第二,设计心理学的研究所获得的那些规律、原理,同样可以通过各种事实加以验证;

第三,设计心理学如同其他应用心理学分支一样,建立在广泛公认的普遍真理或定理之上,其侧重点却非这些真理、定理的探索发现,而是将这些科学原理与设计现象结合起来,用以解释主体的心理——行为现象，以保证设计艺术心理学能具有较为坚实的科学基础。

设计心理学由于其研究特性，应是科学心理学与人文心理学的统一和互补。一方面，艺术设计作为建立于实用性基础上的艺术，具有鲜明的问题求解的属性。与之相应，设计心理学的研究中也包含不少以实证研究为特点的研究，反映为与感性工学、可用性研究以及人机工程学等领域相关的研究，这些研究基于客观的、可量化的、可控制的科学实验来获得结论。另一方面，设计作品又并非单纯的目的求解的行为，这是它与一般的工程设计的本质差别。艺术设计的作品在满足目的性需要的基础上，还具有审美、鉴赏、意味、象征等更加微妙、主观的功能，以及对艺术设计活动中的心理现象的研究和分析，因此也应重视主体的主观体验，而具有人文主义心理学的一般属性。

设计心理学研究强调系统考察人—机—环境所形成的整体情境，着重研究设计主体与设计使用主体之间发生联系的行为，以及外界相关因素对于这一行为的影响。

作为设计学(人文学科)的基础理论学科的设计心理学，还需面对来自设计学自身科学性的挑战。

设计艺术学是关于复杂的、主观性的人以及人类文化的研究，这决定了其研究具有"人文科学"和"自然科学"的双重属性，而作为其重要基础理论学科之一的设计心理学正是其双重属性的典型呈现。

设计心理学研究，应将以上观点作为学科属性的重要支撑，明确设计艺术心理学研究不同于设计创作，它的目的是以严谨理性的态度、科学系统的分析去验证艺术设计中的各个命题和假设，探求各个问题的答案。从艺术科学的角度出发，设计艺术学应累积和传播那些与设计相关的知识，并从人文、社科的整体角度加以积累和发展。设计心理学也不例外，作为设计艺术学科的组成部分，设计心理学的不少内容与实际设计作品和设计实践活动密切关联，它们是人类文化的重要现象和文化细节，因此我们更应该从"大人文"的角度出发，联系直接或间接对设计活动的主体产生影响的社会、文化、政治、经济等相关外在条件来对其加以研究和把握。

◎ 三、科学的设计心理学

设计心理学属于应用心理学范畴，它研究设计与消费者心理匹配的专题，解决设计艺术领域与人的"行为"和"意识"有关的设计研究问题；它专门研究在工业设计活动中，如何把握消费者心理，遵循消费行为规律，设计适销对路的产品，最终提升消费者满意度；它同时研究人们在设计创造过程中的心态，以及设计对社会及个体所产生的心理反应，并反过来再作用于设计，从而起到使设计能够更好地反映和满足人们心理需求的作用。

设计心理学以心理学的理论和方法研究决定设计结果的"人"。其研究对象，不仅仅是用户，还包括设计师。通过对用户心理的研究，集中了解用户在使用过程中如何解读设计信息，如何认识设计基本规律。同时，设计心理学还研究不同国家、不同地域、不同年龄层次的人的心理特征，了解如何采集用户心理的相关信息，分析信息并从心理学角度对用户的心理过程进行分析，用分析结果来指导设计，以便有效地避免设计走入误区和陷入困境。

而对设计师心理的研究，是以设计师的培养和发展为主题，探寻设计师创造思维的内涵并对其进行相应的训练，促进设计师以良好的心态和融洽的人际关系进行设计。同时，对设计师心理的研究还涉及使设计师如何与用户进行有效的沟通，敏锐而准确地感知市场信息，了解设计动态。其中创造心理学和创造技法是对设计师进行心理研究并对设计师进行心理训练的重要组成部分。

现代设计越来越关注人在其中的决定因素，设计在实践中不断发展，因而迫切需要设计心理学理论的支撑。设计作为一门尚未完善的学科，其边缘性决定了设计心理学也是一门与其他学科交叉的边缘性学科（图1-10）。例如，设计心理学与人机工程学的联系，是生理学与心理学的结合，是使设计满足用户在生理上和心理上的需求并可对设计提供评估的重要理论依据之一。而且，环境心理学、照明心理学、色彩心理学、消费心理学等学科也介入了设计学科的研究领域。所以，设计心理学研究的范畴很广，而且随着设计理论的不断发展，设计心理学与其他学科的融合会更加紧密。

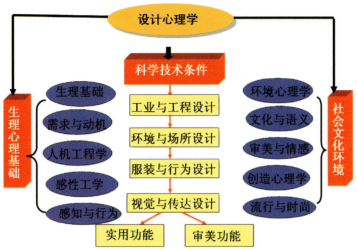

图1-10 设计心理学学科体系

设计心理学是一门新学科，以往学者对它所做的界定不多。美国认知心理学家唐纳德·A.诺曼是最早提出物品的外观应为用户提供正确心理暗示的学者之一，他借鉴英国学者W.H.梅奥尔1979年在《设计原则》中提到的观点，将其所做的研究称为"物质心理学"，在一定程度上接近于"设计心理学"（因此国内将其著作 The Design Of Everyday THINGS 通译为《设计心理学》，见图1-11）。唐纳德·A.诺曼认为这些关于日用品设计的原则"构成了心理学的一个分支——研究人和物互相作用方式的心理学"。诺曼通过大量设计案例，分析了用户的使用心理，丰富了这一定义，其定义至今看来也还是极有意义的。

总之，设计心理学是设计艺术学与心理学交叉的边缘科学，它既是应用心理学的分支，也是艺术设计学科的重要组成部分。设计心理学是研究设计艺术领域的设计主体和设计目标主体(消费者或用户)的心理现象及相关环境的科学。

图1—11 〔美〕唐纳德·A.诺曼的《设计心理学》封面

第二节 设计心理学的研究对象和范畴

◎ 一、设计心理学的研究对象

设计心理学的研究对象与其他心理学研究类似。设计心理学研究也仅能凭借主体的外显行为、现象来推测其心理机制，并且由于其学科属性,研究应围绕与设计活动相关的主体行为来进行。设计艺术活动中的主体类型多样,最主要的可分为设计主体和设计目标主体(用户或消费者)两类,根据其心理和行为特性,又可以将这两者视为不能直接窥视的"黑箱",即消费者(用户)黑箱以及设计师黑箱(图1-12),它们是设计心理学的主要研究对象,也是研究的重点。

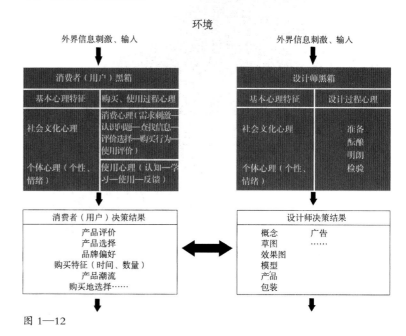

图 1—12

从心理学研究来看,影响主体心理活动的因素,即心理学的研究包括四个部分:第一是基础部分,包括生理基础和环境基础,其中生理基础是主体一切心理活动和行为的内在物质条件。环境基础是产生心理活动和行为的外在物质条件。第二是动力系统,包括需要、动机和价值观理念等,这是人的心理活动和相应行为的驱动机制。第三是个性心理,包括人格和能力等;它是个体之间的差异性因素,并使个体的心理、行为存在独特性和稳定性。第四是心理过程,普通心理学将其划分为知(感知和记忆)、情(情绪和情感)、意(意志或意动)三个部分。

心理过程的发生,是主体接收内、外环境的刺激或信息,在动力系统的驱使下,受个性心理的影响而产生相应设计心理活动和行为的全过程。

设计心理学的研究对象——主体和用户,其心理行为也同样包含以上四个部分,并外显于围绕艺术设计的一系列行为之上。从用户的角度来看,包括用户选择、购买、持有、使用甚至鉴赏这一系列消费过程中的全部心理行为；从设计主体的角度来看，则是以"创造"为核心的一系列设计行为，并且正如设计心理学的定义中加以强调的那样，环境和情境也是影响艺术设计主体心理的主要因素。因此，围绕设计的其他主体行为如制造、营销、管理、维护、回收等，也应在研究中加以综合考虑。

◎ 二、设计心理学的研究范畴

艺术设计是一项有目的的创造性活动，具有实用与审美双重属性。

实用与审美——消费者心理的两个主要方面——既相互区别，又相互联系(图1-13)。

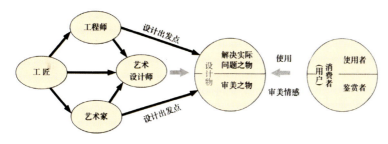

图1—13 实用与审美的区别与联系

首先，作为审美对象的艺术品，很多情况下可以被视为有闲阶级的奢侈品，这种情况下的艺术呈现出"脱离功利"的色彩，而仅仅对知觉产生作用。而实用对象则不然，与所有存在的客体一样，它的美在于"显示出赋予它本质的充实性"，适合于其预期的用途。

其次，设计艺术本身既不同于一般的实用对象，也不同于以审美感知为目的的艺术作品，其同时包含实用性和审美体验两重属性，并且这两重属性天然地结合在了一起。

从设计主体(设计师)的角度来看，设计师用设计将产品与用户联系在一起。设计的重要职责在于沟通用户与制造方之间的供需关系。设计师应能洞悉用户对于超出产品功能之外的更加主观性的需要——情感方面的需要。

综上所述，设计心理学的研究范畴又可分为以下三个方面：

第一，如何使设计易于使用，最大限度地实现它的目的性。这是设计的基点，尤其是对于工业设计，它的重点在于，通过心理学研究是否能更好地解决这一问题，即如何使产品符合人的使用习惯，做到安全、易于掌握、便于使用和维护、与使用环境相匹配。

第二，如何使设计在商业营销中获得成功。这个层次的设计艺术心理学主要针对用户"情感体验"的问题。设计心理学解决的是如何使产品符合用户超出"使用"需要之外的多样性需要，在用户对设计物进行选择、购买、持有、使用以及鉴赏……这一系列消费过程中更加吸引消费者，在异常激烈的市场竞争中获胜的问题，本书统称为"情感"因素。

第三，设计师心理，即研究设计师在设计过程中，围绕设计实践活动所产生的心理现象(设计思维)及其影响要素——"创造力"的问题。在这一层面上，设计心理学的目的在于运用心理学，特别是创意思维的特有属性，帮助设计师拓展思维，激发灵感；并且还可用于设计教育中，帮助设计专业学生培养和提高其设计创意能力。

从这三个层次的划分来看，用户心理研究主要涉及第一、二两个层面，关注围绕用户购买、使用、评价及反馈这一整体过程中的用户(消费者)的心理现象及影响要素，但研究的结果和最终目的则是针对第三个层面，是为了给设计师提供设计的素材、方法手段和灵感来源。

本章思考与练习

一、复习要点及主要概念

设计的概念，设计心理学的定义、研究范畴、研究意义，心理学与设计的关系，设计心理学的发展线索。

二、问题与讨论

1. 简要论述设计与心理研究的关系。
2. 目前国内外设计艺术心理学研究现状如何？

三、思考题

1. 何谓设计心理学？
2. 什么是艺术设计？
3. 简述设计心理学研究的范畴。

第2章 设计心理学的研究基础

第2章 设计心理学的研究基础

本章学习提示

本章系统地介绍了心理学的生理基础,人的感觉、知觉特征和科学设计心理学的理论来源。特别是人的感觉与知觉特征是所有艺术设计人员在设计活动中必须考虑的基本纪律。

通过基本知识的学习,我们知道人的感知能力会有一定的个体差异,但优秀的设计师会去尊重和体察受众在使用产品全过程中的细节变化,这是所有设计的基本出发点。

第一节 心理的生理基础

心理学源自哲学,古希腊哲学家伊壁鸠鲁和他的学生亚里士多德都相信人的知觉、记忆、情绪、思维等心理现象都是由灵魂所控制的,英文psychology(心理学)从字面上即psyche-logos,是关于灵魂的理念或学问。17世纪笛卡儿率先提出的"反射"概念,肯定了心理活动的客观性。18世纪,神经系统研究的新成果,引发了更加积极的观点,即"心理是脑的机能"。19世纪末20世纪初,俄国生理学家将反射原则推广到了整个心理过程,通过不断地研究,人们更加坚信心理活动的实质是大脑和神经系统的物质机能。

◎ 一、脑的结构及其功能

1. 脑的结构

人们常说"心理是脑的属性",心理活动依赖于脑的参与,人脑包括大脑、小脑、脑干(包括间脑、中脑、脑桥和延脑)等部分(图2-1),分工如下:

大脑皮层:参与复杂心理过程,如逻辑推理、形象思维等;

小脑:运动协调,调节肌肉紧张程度和躯体运动,维持身体的平衡。

脑干:决定脑的警觉水平和警报系统。

另外,与设计心理紧密相关的还有:间脑、延髓和中脑。

2. 大脑功能的一侧化

大脑是人脑中最重要的组成部分,是思维的器官,负责调

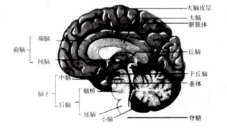

图2-1 人脑结构

节高级认知功能和情绪功能。大脑分为左、右对称的两个半球，各有相对独立的意识功能。一般来说，左半球包含所谓的语言中枢，负责抽象思维、逻辑推理、分析、综合等思维活动；右半球主要的功能是处理表象，是形象思维中枢。

左、右脑之间相互联系，互为补充，特别是对于那些高度复杂的思维活动，需要两个半球的密切配合。

在图像创造方面，左脑的推理逻辑能力帮助创作主体组织画面结构，因此一旦这一半球受到损伤，图像会变得比较简略，细部被省略掉了，但整体轮廓完整，看起来像是儿童画；相反，右脑的形象思维能力帮助创作主体组织整体画面，如果受损，也许图像的细节是完整的，但是轮廓不规则、不完整，并且对风格缺乏敏感性。

3．脑干、边缘系统与情绪激发

脑干主要控制机体的自主功能，如心率、呼吸、吞咽和消化等，包裹这个中央结构的是边缘系统，它与动机、情感、记忆过程有关。心理学家认为，唤醒是由脑干网状结构同间脑、边缘系统共同作用产生的，边缘系统控制着情绪的表现、动机的行为。

任何艺术作品，都是以引起人们的某种情感、情绪为基础的，不同艺术设计的目的正是唤醒人们的某些情绪，以激发相应的生理和心理反应。

◎ 二、视觉感受器

视觉是艺术设计最依赖的感觉功能，也是研究最广泛的感觉通道，人眼是视觉的器官。人眼的主要构造包括角膜、瞳孔、虹膜、晶状体、视网膜等。

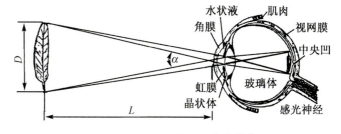

图2-2 人眼成像

1．视网膜

视网膜上包含三层细胞：第一层是光感受细胞；第二层是双极细胞和其他细胞；第三层是节状细胞。第一层的光感受细胞包括锥细胞和杆细胞，前者能感受强光及色光的刺激；后者则对于微弱的光线比较敏感。两者负责感受光的色彩和明暗的刺激，如图2-2人眼成像原理，图2-3视觉系统。

2．眼动

人在观看对象时，眼肌会带动眼球向上下左右运动，以确保

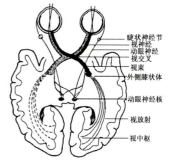

图2-3 视觉系统

物体成像在视网膜上,这称为眼动。眼动包括三种基本类型:注视、眼跳和追随运动。

注视(fixation):将眼睛中央窝对准某一物体。

眼跳(saccades):眼跳的目的是使下一步要注视的内容能落在中心窝附近。我们观看一个圆周的时候,眼睛并不是做圆周运动的,而是通过一些注视点沿直线跳动,眼动轨迹由许多停顿和小的眼跳组成(如图2-4)。

追随运动(pursuitmovement):当观看一个运动的物体的时候,如果头部不动,为了使物体成像在中心窝附近,眼球随之移动,这就称为追随运动。

3. 瞳孔变化与心理活动

瞳孔是光线进入眼球的通道,瞳孔缩小减少光线进入量,放大增加进光量。有两种情况能使瞳孔的大小发生变化:一是光线强时瞳孔缩小,光线弱时则瞳孔放大;二是观看远处时瞳孔放大,看近处时瞳孔缩小。相关实验还发现恐怖的图像使人注意力提高,性感而愉悦的图像能使人兴奋起来,在这种状态下,瞳孔会放大。图2—5水平视野和垂直视野,图2—6色觉和色视野。

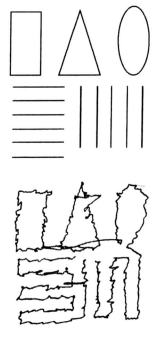

图2-4 观看几何图形的眼动轨迹

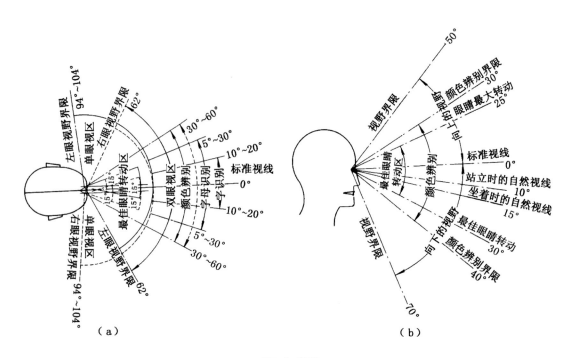

图2-5 视野

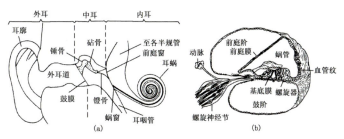

图2-7 耳的结构

2．触觉

皮肤是触觉的感受器，皮肤浅层上有一些长圆柱状的小体，它是触觉的感觉细胞，使人们能对于一定压力产生触觉。人体不同部位的皮肤具有不同的敏感度，其中手指尖的感觉最为灵敏，是$3g/mm^2$，因此俗语说"十指连心"，就是说手指对于压力感觉特别灵敏。

3．嗅觉

鼻是嗅觉的感受器，鼻腔上有一层嗅粘膜，上面布有嗅细胞，能对气味分子产生神经冲动。人对于不同气味的嗅觉灵敏度不同，因此有些气味在空气中只要存在少量就会特别明显，而有些气味则需要有一定浓度才能为人所察觉。最近，有人正在研究一种能够传递味道的网络数字设备，其设想是该设备能发出不同气味，当人们浏览食品、香水网站时，设备能发出相应的食品气味，给人们提供除了图像、音频之外的新的感官刺激。

4．味觉

舌是味觉的感受器，舌头的表面密布乳头，它使舌头的表面凹凸不平，乳头中所含的味蕾，即味觉感受细胞，分别对五种味觉——甜、酸、苦、辣、咸中的一种反应强烈。味觉和嗅觉总是联系在一起，即所谓的"味道"。有时我们感觉食物鲜美并非依赖味觉而是嗅觉，比如当人们感冒的时候，虽然味觉并没有受到影响，但是却感觉食之无味，其实是因为嗅觉通道阻塞的缘故。有人通过实验发现，塞上鼻子吃平日觉得难吃的食物会感觉好一些。

◎ 四、反射与行为

反射(图2-8)，是最基本的神经活动，也是实现心理活动的基本生理机制，是感受器受到刺激后引起的神经冲动，再通过内导神经纤维传至神经中枢，经神经中枢加工，再通过外导神经

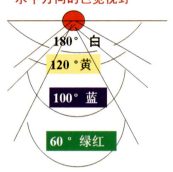
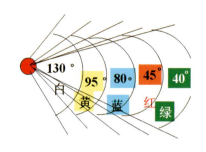

图2-6 色觉和色视野

4．视敏度

视敏度，一般称为"视力"，是对物体细节辨别的能力，视敏度分为静态视敏度和动态视敏度，都受到环境条件的影响，影响的主要因素包括照明因素和主体因素两类。当眼睛的晶状体的调节能力下降、瞳孔缩小、眼球内透明度下降以及视网膜与相应的神经通道、中枢功能下降退化时，视敏度也随之下降。这也是老年人视力下降的主要原因。

◎ 三、其他感受器

感受器是人体内接受感觉刺激的器官，感受器上分布着神经末梢，受到一定刺激后能产生兴奋性冲动，并通过上导神经通道传递到大脑的感觉区，引起感觉。人的感受器分为视、听、触、味、嗅等，每种感受器只对一种性质的刺激产生兴奋。前面我们已经介绍了视觉的感受器——眼睛，下面，我们再简单介绍一下其他几种感受器。

1．听觉

耳（图2-7）是人的听觉感受器，耳所能感受的刺激是声波。当声波传入内耳，振动鼓膜，通过听小骨的作用使耳蜗内的淋巴液受到振动。耳蜗内基底膜上的毛细胞是感受声波的细胞，它接受声波后产生兴奋性冲动，传至大脑的听觉中枢，产生听觉。人所能感觉的声波具有一定阈限，一般是20～20000Hz。听觉除了要限定在一定频率范围内，对于同一频率的声音，还具有振幅的感受范围。例如对于1000Hz的纯音，人能感受的振幅是0～120分贝。

纤维传到效应器(肌肉和腺体)引起的活动。

行为(图2-8)是人对外界刺激产生的积极反应,可以是有意识的,也可以是无意识的。无意识的行为受习惯、生理因素(如遗传、疾病等)支配。行为的基本单元是动作,包括言语及脸部肌肉动作表示出的表情。

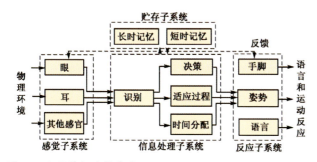

图2-8 人的神经反射系统

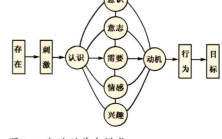

图2-9 行为的基本模式

反射可以分为无条件反射、经典性条件反射以及工具性条件反射。

1. 无条件反射

无条件反射,即本能,是动物先天遗传下来的行为形式的基础,它是动物为了维持生命所必需的行为。例如吃食物的时候会分泌唾液,在寒冷的环境下会打寒战,碰到烫的物品会缩手等。无条件反射是自动的行为,无需大脑思维活动的参与。无条件反射具有适应性,即针对不同刺激而做出不同行为。

2. 经典条件反射

经典条件反射,以无条件反射为基础,例如食物没有进到嘴里时,光看到食物,人们可能已经开始分泌唾液,食物就与分泌唾液的行为形成了对应的关系。概括而言,即当一个刺激和无条件刺激同时出现若干次后(心理学称之为强化),就可能直接引起它原本不能引起的,属于无条件刺激引起的活动,这就是所谓的"望梅止渴"的效应。

条件反射学说是心理学理论中最基本的生物学基础理论,它说明生物能根据环境中对自身有利或不利的信号,决定其行动,或者也可以称为应激的行为。它在一定程度上为外在环境、人的心理活动以及行为之间的关系提供了解释,并成为行为主义的理论基石。

3. 工具条件反射

美国心理学家斯金纳(B.F.Skinner)通过实验发现经典条件反射理论存在一些问题，并提出了工具条件反射理论。这个著名的实验是将动物放进一个箱子中，当动物碰到机关就能掉出一块食物；开始动物在箱子里面乱动，如果碰巧碰到机关，食物就掉出来，之后它们就越来越少碰其他地方，直到最后只碰机关。针对以上问题，斯金纳提出了工具性条件反射理论，将这种习得的反应称为"行为的塑造"[①]，认为行为结果能塑造新的行为，这是人类能不断学习和掌握新的行为的关键原因，它成为了经典条件反射理论的重要补充。

第二节 感觉和知觉特性

◎ 一、感觉

感觉是人脑对直接作用于感觉器官的客观事物个别属性的反应。感觉是刺激作用下分析器活动的结果，分析器是人感受和分析某种刺激的整个神经机制。它由感受器、传递神经和大脑皮层响应区域三个部分组成。

1. 感觉的重要性

感觉是一种最简单的心理现象，但它有极其重要的意义：
(1)它是一切比较高级、复杂的心理活动的基础；
(2)是人认识客观世界的开端，是一切知识的源泉；
(3)是人正常心理活动的必要条件。

2. 外部感觉和内部感觉

(1)外部感觉：视觉，听觉，嗅觉，味觉，皮肤觉。
(2)内部感觉：运动觉，平衡觉，内脏觉。

3. 感觉的基本特性

(1)适宜刺激：感官最敏感的刺激形式。
(2)感觉阈限：引起感觉的最小和最大刺激量。
(3)适应：在刺激不变的情况下，感觉会逐渐减少以致消失的现象。
(4)相互作用：在一定的条件下，各种感觉器官对其适宜刺激

[①] 柳沙：《设计艺术心理学》，北京：清华大学出版社2006年版，第47—48页。

的感受能力都将受到其他刺激的干扰影响而降低，由此使感受性发生变化的现象。

(5)对比：同一感受器官接受两种完全不同但属于同一类的刺激物的作用，而使感受性发生变化的现象。

(6)余觉：刺激取消后，感觉可存在一极短时间的现象。

◎ 二、知觉

知觉是设计心理学的重要研究组成部分，也是创新设计的突破口之一。知觉以符号的方式显现出来。因此，掌握用户对符号信息的知觉体验，是设计师获取用户设计体验的法宝，也成为促使设计师获取设计信息的主要通道。那究竟什么是知觉？它又有什么特性呢？如图2-10知觉的特性。

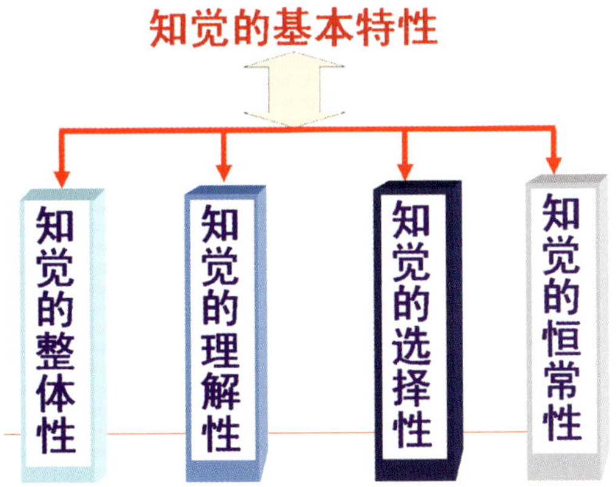

图2-10 知觉的特性

1．知觉基本概念

知觉就是人脑对直接作用于感觉器官的客观事物的整体属性的反映，一般知觉按不同标准可分为几大类：

(1)根据知觉起主导作用的分析器官来分类，可分为视知觉、听知觉、触知觉等。

(2)根据知觉对象分为空间知觉、时间知觉、运动知觉等。

(3)根据有无目的分为无意知觉和有意知觉等。

(4)根据能否正确反映客观事物分为正确知觉和错觉，通常把不正确的知觉称错觉。

2．知觉的基本特性

(1)知觉整体性。

知觉的对象是由不同的部分、不同的属性所组成的。当它们对人发生作用时，是分别作用或者先后作用于人的感觉器官的。

人并不是孤立地反映这些部分或属性，而是把它们有机地结合起来，感知为一个统一的整体(图2-11)；原因是多种事物都是由各种属性和部分组成的复合刺激物，当这种复合刺激物作用于我们感觉器官时，就在大脑皮层上形成暂时神经联系，以后只要有个别部分或个别属性发生作用，大脑皮层上有关的暂时神经系统马上兴奋起来产生一个完整映象(图2-12)。

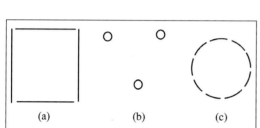

图2-11 知觉的整体性　　　　图2-12 影响知觉整体性的因素

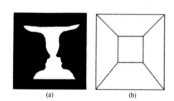

图2-13 知觉的选择性

(2)知觉选择性(图2-13)。

客观事物是多种多样的，在感知客体时，总是不能同等地反映来自客体的信息，而是有选择地把握其中的某些部分作为知觉对象，把它与背景区别开来，做出清晰反应，这便是知觉的选择性。知觉选择依赖于几个条件：

对象与背景差别：对象与背景差别越大，越容易分出来，反之越难。

对象各部分组合：刺激物各部分组合常常是我们分出知觉的重要条件，有接近和近似组合。

(3)知觉理解性(图2-14)。

在感知当前事物时，人总是借助于以往的知识经验来理解它们，并用词标示出来，这种特性即为知觉理解性。人的脑海里存在着大量的知觉经验，人在认知世界的时候总是不断地进行着抽象、概括、分析、判断等过程，直到对象转化为人的知觉概念。

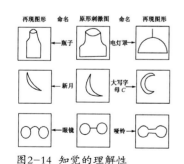

图2-14 知觉的理解性

(4)知觉恒常性。

当知觉的对象在一定范围内发生了变化，知觉映象仍然保持相对不变。比如，人对色彩的知觉敏感性不强，我们微微改变颜色的某个要素，如色相、明度、饱和度，我们单独去看每一种颜色时，我们发现不出颜色发生了变化，只有在前后的反复比较中才能鉴定出来。

3．影响知觉特性的因素

(1)形态对知觉特性的影响。

如图2-15是丹麦设计师汉宁森不同时代的灯具，其形态优雅、别致，给人不同的心理感受和精神情调。

(2)空间对知觉特性的影响。

空间知觉包括对对象的大小、方位、远近等的知觉，它一般是通过多种感觉器官的协同工作实现的。它可以分成距离知觉(也叫深度知觉)和方位知觉。

(3)色彩对知觉特性的影响。

色彩在人们的社会生产的生活中具有十分重要的作用，正确利用色彩效果能减轻疲劳，给人带来兴奋、愉快、舒适，从而提高工作和学习效率。人们对色彩的偏好受年龄、性别、种族、地区的影响，同时也受文化修养和生活经历的影响。如图2-16，不同的色彩和材质带给人不同的视觉感受。

图2-15a

图2-15b

图2-16c

图2-16a

图2-16d

图2-15c

图2-16b

图2-16e

图2-17a 获取灵感

图2-17b

(4)质料对知觉特性的影响。

质料在视觉、触觉、嗅觉、听觉等方面给人的感觉都不尽相同，所产生的知觉特性也就千差万别，在为产品选择材料时要深入思考不同材质的不同知觉特性、肌理效果等。

在产品设计时如果能根据产品的特性和功能，从自然肌理中获取灵感，选用仿生性较高的材质，会使产品体现出自然、弹性、耐磨等特点。如图2-17a至图2-17e是设计师对材质探究的全过程：首先对原生态的斑马外在质地、色彩进行归纳提炼，然后根据这些特点制作出人造替代品，最后将这些材质赋予具体的产品并进行可用性测试。这一方法应避免伤及野生动物。这些经验性的知识需要设计师在大量的实践与调查中逐渐积累，不可轻视，并综合探究，最后找出一种真正属于产品的质料。

图2-17c

图2-17d

图2-17e

4．视知觉

视知觉是一种复杂的心理现象，受到社会文化与个人经验的影响，它包括形态知觉、空间知觉、颜色与光知觉、质料知觉、错觉等因素。视知觉心理不是理性层次上的思维活动，不是理性逻辑的比较、推理与判断，它是在直觉领域(包括潜意识领域)内的、有选择的、主动的知觉反应，这种反应导致一种直觉的判断，是产生于纯粹理性判断之前的导致某种心理倾向或取舍抉择的过程。

(1)常人对平面空间的视知规律。

在垂直方向上，由于地心引力即重力关系，人们习惯从上向下观看，水平面上，人们习惯从左向右观看，这与文字从左向右常见排列方式是一致的。

运动中视觉：人们观看除了定点相对静止的审视对象外，更多的是运动和参照，即移步换景，多视角、多方位感知。

(2)"图—底"关系。

心理活动具有一定的方向性,指向某个事物或者事物的某一个部分,使之成为注意的中心,同时将中心周围事物或部分处于注意的边缘,将离中心更远的事物处于注意范围之外,这种图形的视知觉注意中就表现为所谓"图—底"关系,注意中心成为"图",而注意也变成为"底"即背景。"图形"与"基底"的关系,就是指一个封闭的式样与另一个和它同质的非封闭的背景之间的关系,这一看法是合理的,对"图—底"关系处理是现代设计,特别是平面设计中应用视知觉注意的一个重要方面。如图2-18系列作品都属"图—底"关系的典型例子。

如果要达到分辨图形的目的,就需要造成图与底一定的差别,一般来说,差别越大图形就越容易被认出。以上分析集中在相对独立的图形被观众辨认和注意的情况。

图2-18a 刀郎

图2-18b 沟通

图2-18c 正负形

图2-18d 不择手段追求成功

图2-18e 正负形 设计:莱西·德文斯基

图2-18f 正负形

图2-18g 正负形 设计:赵玉亮

(3)在设计中，我们还会遇到一些相同或不同的物体或因素组成一个视知觉整体，从周围其他事物组成的环境背景中分离。

接近：在空间位置上相互接近的物体，易成为一个视知觉整体。

相同性：形成上相同或相似的物体易成为一个视知觉整体。

连续性：一个不完整图形，当其结构具有某种连续性时，可以被看成是封闭或完整的。

第三节 设计心理学理论来源

设计心理学是一门交叉性很强的学科。许多相关学科中都有涉及设计心理学的研究，设计心理学必须从这些学科中吸取必要的理论根据和基础，结合设计艺术领域中的实际问题，将这些研究成果与设计学专业知识有机结合起来，才能使设计心理学发展成为一门系统化、层次化、专业化的设计工具学科。

◎ 一、格式塔心理学——"视知觉"研究

格式塔，可以直译为"形式"，但与我们所说的形式的意义并不完全相同，所以一般被译为"完形"，格式塔心理学也可以被称为"完形心理学"[①]。图2-19系列作品无不受到完形心理的影响，根据已存在物体的记忆、体验，激励人们将情感融入新的物体。

格式塔心理学对于设计艺术心理学的重要作用在于：首先，它揭示了人的感知，特别是占主要地位的视知觉，与人们平素认为更加"高级"的思维活动没有本质的区别。人的视知觉能直接对所看到的"形"进行选择、组织、加工。

图2-19a 矛盾空间

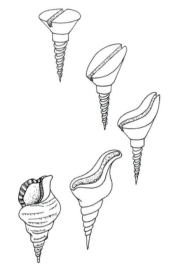

图2-19b 渐变图形

图2-19c 解构图形 设计：勃冈特兰

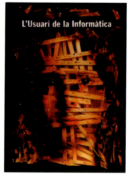

图2-19d 重构图形 设计：勃冈特兰

图2-19e 解构图形

---

① 章志光主编：《社会心理学》，北京：人民教育出版社2001年版，第35-61页。

其次,格式塔心理学在研究人知觉的"思维能力"的过程中,发现了大量的知觉(主要是视觉)规律,包括整体性、选择性、理解性、恒常性、错觉等。

再次,格式塔心理美学认为,由于审美对象的形体结构与人的生理结构、心理结构之间存在着相似的力的结构形式,所以能唤起人的情感,即所谓的"异质同构"。

最后,格式塔心理学家也将其学说拓展于创造力、创造思维的研究中。

◎ 二、认知心理学——信息加工理论

认知心理学(Cognitive Psychology)是以信息加工理论为核心的心理学,又可称为信息加工心理学。[①]

认知心理学的核心是将人的思维活动看做是信息加工的过程,认为人脑对信息的加工过程是信息输入—加工—输出的过程,它侧重对输入的信息及主体外显的行为进行研究,如图2-20信息加工模式。

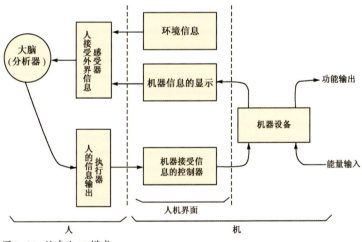

图2-20 信息加工模式

设计过程以及产品使用中的许多心理现象,都可以用认知心理学的观点和模型来分析和解释。

◎ 三、拓扑心理学——"心理环境"理论

拓扑心理学是在拓扑图形学的基础上发展起来的一种学说,代表人物是德国心理学家勒温。

[①]王甦、汪安圣:《认知心理学》,北京:北京大学出版社1992年版,第1页。

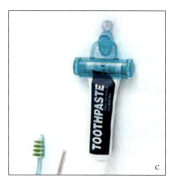

图2-21

首先,勒温认为人的行为决定于个体自身特征以及环境。他特别强调心理环境,类似于我们理解的"情境",它包括了对人的行为产生影响的一切客观事实。

其次,勒温将心理生活空间中每一个组作为一个区域——"心理区域",心理区域存在一定的边界。在不同区域下,同一个体的行为存在差异。

再次,勒温提出人与环境之间存在动态的平衡关系。

研究设计中的主体心理时,要特别重视情境因素对于人的心理状况和行为的影响和制约,设计物不仅是作为相对主体的客体环境的组成部分对主体心理存在重要影响,其与人的交互活动本身也受到其他环境因素影响和制约。如图2-21节约型牙膏挤压器,重视情境因素的设计,为生活增添了一份创意和时尚。

◎ 四、人机工程学——工业心理学

人机工程学(Ergonomics)是设计艺术学科的重要基础学科(图2—22)。一些心理学家则将与这一领域略有差别的相关研究称为工业心理学,它是心理学在工业生产中的应用,是心理学与工业

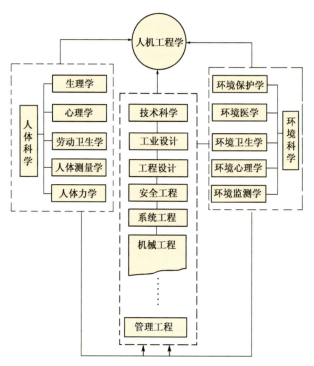

图2-22 人机工程学体系

生产相结合的产物,它研究生产中人的活动。

人机工程学是工业心理学的重要分支学科,人机工程学研

究"人—机—环境"系统中人、机、环境三大要素之间的关系,从而确保"人—机—环境"总体性能的最优化。它发现和运用关于人的行为、能力、局限和其他特性的信息、知识来设计工具、机器、系统、任务、工作和环境,以达到更加高效、安全、舒适的目的。

◎ 五、消费心理学

消费心理学是一门应用心理学,也是营销科学的分支,虽然其研究目的主要是针对消费者的心理现象,但研究对象却是消费者的外显行为,因此它也被称为"消费行为学"。如图2-23绝对伏特加酒通过无所不在的广告,成功地赢得了不同个性的消费者。

消费行为学强调研究高度复杂的消费者,如何决定将其有限的可用资源——时间、金钱、努力,花费到消费项目中去,以及如何通过对消费者心理现象的把握来影响消费者的认知、情感、态度和决策行为。

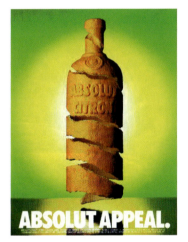
图2-23a 绝对伏特加酒广告

图2-23b 绝对伏特加酒广告

图2-23c 绝对伏特加酒广告

图2-23d 绝对伏特加酒广告

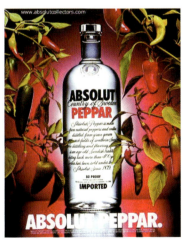
图2-23e 绝对伏特加酒广告

本章思考与练习

一、复习要点及主要概念

神经系统,眼动,视敏度与设计,无条件反射,经典条件反射,工具条件反射,人的意识、感觉与知觉,格式塔心理学,心理环境,信息加工理论,人机工程学,工业心理学,消费心理学。

二、问题与讨论

1. 根据大脑左、右半球的分工,谈谈艺术设计中逻辑思维和形象思维的关系。
2. 论述精神分析心理学对设计心理学的启示。

三、思考题

1. 如何理解知觉的意图性?
2. 用户的基本知觉能力包括哪些?
3. 在产品设计时如何利用用户的表象知觉能力?
4. 中国人一般有什么样的知觉习惯?

第3章 设计心理学的研究方法

第3章 设计心理学的研究方法

本章学习提示

本章系统介绍了设计心理学的研究原则、方法和步骤，意在将学生由原有的感性思维引向理性思维，强调设计的科学性和可操作性。传统艺术设计常遇到"只可意会，不可言传"的尴尬，但运用科学的心理学研究方法，可对受众心理有一些更全面、更深入的了解，并以此来指导设计。

本章提到的眼动实验(日本称感性工学)是一种很有效的视觉心理研究方法，另外，其他各种心理实验方法也都可引导学生去了解并尝试。

第一节 设计心理学的研究原则

设计心理学的研究重点不是单纯的心理学基础理论，而是侧重于心理学在设计及相关领域中的运用。研究的目的是为了帮助设计师更好地设计，使设计的成果更好地为人服务；研究者必须同时掌握心理学和设计科学两个领域的知识，才能有效地运用心理学来解决设计中的实际问题。由于这些特殊性，艺术设计心理学的研究方法遵循两个原则。

◎ 一、定性与定量相结合

从研究取向上看，定性研究应与定量研究相结合。定量研究(quantitative research)是倾向于实证主义的研究，主要借用自然科学的研究方法，例如采用实验法、测量技术和观察法等方式收集数据，进行统计分析，来验证假设，取得研究结果。定性研究(qualitative research)则倾向于阐释主义的研究，研究结果不经过量化分析或定量分析。它主要的研究方法包括深度访谈、焦点小组(中心小组访谈法)、隐喻分析、抽象调查、投射技术、有声思维等[①]。如表3-1定量研究与定性研究比较。

设计心理学的研究方法应该是两种方法的结合，根据具体的问题，精心设计，取长补短，相互补充。

[①] [美]B.H.坎特维茨等著，郭秀艳译：《实验心理学》，上海：华东大学出版社2001年版，第23页。

比较维度	定性研究	定量研究
问题类型	探索、预测、假设	验证、说明
样本规模	较小	较大
研究人员	特殊技巧	无需太多特殊技巧
重复操作能力	较低	较高
分析类型	主观性、解释性、研究结果不能推广到较大人群	统计性、摘要性、结果可以推广到较大人群
研究方法	焦点小组、深度访谈、投射法	结构性问卷、结构性观察、测量法

图3-1 定量研究与定性研究比较

◎ 二、系统考察"人—机—环境"所形成的整体情境

设计心理学研究应系统考察"人—机—环境"所形成的整体情境，着重于研究设计主体或设计使用(传达)主体、设计物之间的相互关系以及外界相关因素对于这一组关系的影响。

设计心理学研究必须重视与真实情境的配合度，有些研究甚至须在真实情境下才能得以进行。例如调查用户使用某一物品的流程以及可能产生的心理现象时，如果条件允许，最好能在真实的场景中进行研究，或者使实验室接近真实的情境。如图3-1、图3-2所示驾驶室工作状态研究，facelab眼动仪以其独特的适应性和动态追踪方法，能进行完全自然行为的分析，包括头部姿态，眼睑运动和注视方向。此外，在心理研究中使用焦点小组、访谈、有声思维等方法，其研究成败很大程度上取决于研究者是否能与被试者建立友善、良好的沟通氛围，使他们能够畅所欲言。它不同于一般的实验室研究——一般实验室的研究者常常使人产生"控制一切"的错觉。设计艺术心理学中用户测试之类的实验室研究通常处于一种轻松、自由的氛围中，研究者(主持人)扮演一个引导流程的角色，并且整个实验可以根据用户的身心情况随时中断，休息后再继续进行。

图3-1 驾驶室工作状态

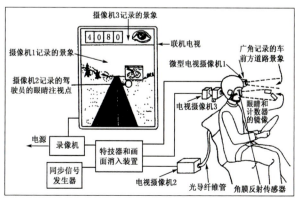

图3-2 驾驶室工作状态研究

第二节 设计心理学的研究方法

设计心理学的研究方法很多,并且在不断地动态发展。图3-3是几种常用的研究方法。

图3-3 常用研究方法

◎ 一、观察法

观察法(observational method)是心理学最基本的研究方法之一,是研究者依靠自己的感官和观察工具,在自然条件下,有目的、有计划地对特定对象进行观察以获取科学事实的方法。观察法根据实施原则的区别可以按以下几种方式分类:

1. 控制观察和自然观察

前者是被观察者处于特定的人为控制之下进行的观察,因此他的行为有可能与真实状态不一致,典型的控制观察就是实验观察。自然观察是对处于自然状态下的人的活动进行观察,被观察者并没有意识到自己正在被观察,因此观察到的情形比较真实。例如要了解人与特定产品之间的关系,可以在商场、卖场安排所谓的"神秘购买者"来进行观察,或是在商场或用户家中进行录像等。

2. 直接观察和仪器观察

直接观察是研究人员亲自在现场观察发生的情形以搜集信息;仪器观察是利用电子、机械仪器来观察,例如在感性工学研究中,为了测定顾客对产品外观的感受,研究者使用了"眼动照相机",观察用户瞳孔的变化。其他比较常见的观测仪器还有录音机、监视器、摄像头等。一般而言,仪器观察比直接观察更加精确、易于控制，但灵活度有所欠缺。

3．参与观察和非参与观察

参与观察是指观察者亲身介入到研究对象的活动情境中，对其中的对象进行观察；非参与观察是观察者以局外人的身份进行观察。

◎ 二、实验法

实验法(experiment)，在控制条件下对某种心理现象进行观测的方法，它的主要观念来源于自然科学的实验室研究的方法。1879年，德国心理学家冯特(Wundt)在德国莱比锡建立了世界第一个心理学实验室，标志着心理学摆脱哲学的束缚，成为一门独立的科学。

实验室的研究不能严格划定为定量研究，因为在实验室研究中，既可以使用问卷、仪器测量等定量研究，也可以采用观察法、有声思维等定性研究的方法。例如用户心理研究中最常见的一种研究方法——可用性测试一般是在特定的可用性实验室中进行，以保证用户不受外界刺激的干扰，留下完整的视频和音频资料，并便于研究人员进行多角度、全方位地观察。如图3-4a可用性测试和图3-4b眼动试验。

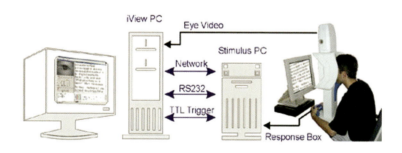

图3-4a 可用性测试

图3-4b 眼动试验

◎ 三、心理测量法

心理测量法(psychological test)，运用一套预先设定的标准化问题(结构性问卷)或量表(scale)来测量某种心理品质的方法，如果不是标准化问卷就应称为调查而不是测量。心理测量有两个重要的特点：一是使用一定的测量工具；二是测量结果用数值表示，即量化。

最常用的心理测量工具是量表，量表是一系列结构化的符号和数字，用来按照特定的规则分配给适用于量表的个人(或行为和态度)。各国研究者设计了许多不同类型的量表工具进行调查研究，主要的量表类型包括类别量表、顺序量表、等距量表、等比量表和语意差别量表。

语意差别量表(semantic differential scale，简称"SD量表")是设计艺术领域中用户心理研究最常使用到的量表之一。它研究的焦点是测量某个客体对人们的意义。其测量方式是，确定要进行测量的概念，挑选一些用于形容这些概念的对立(相反)的形容词、短语(即形容词对)，请被测者在量表上对测试概念打分，研究者计算每一对形容词的平均值，再构造出意向图。

除了以上直接比较用户对设计物评价的语意差别之外，设计心理研究中的语意差别量表还被用于通过研究被测者对设计物的各项评价，发现影响被测者评价设计的主要量度的构成要素，即描述被测者心目中设计物的"意象"[①]的几个主要维度。如图3-5a和图3-5b是两款不同机箱，而图3-6则是针对两款机箱设定的典型语意差别量表。

图3-5a 纯美风潮，逼真质感机箱

图3-5b 电脑机箱

典型的语意量表

语意差别表	您认为***机箱的形象是：								
	形容词1	每对形容词的均值							形容词2
		1	2	3	4	5	6	7	
	现代的 有吸引力 有趣的 精致的								老式的 无吸引力 严肃的 粗糙的

图3-6 语意差别量表

◎ 四、投射法

投射法(projective technique)最先来自临床心理学，目的是研究隐藏在表面反应下的真实心理，获取被试者真实的情感、意图、动机和需要等。投射法常常给被试者提供一种无限制的、模

[①] 赵江洪编著：《设计心理学》，北京：北京理工大学出版社2004年版，第105页。

糊的情景，要求其做出反应，即让被试者将他的真正情感、态度投射到"无规定的刺激"上，绕过他们心底的心理防御机制，透露其内在情感。常用的投射法包括词语联想法、句子法、故事完形法、绘图法、漫画测试法、照片归类法等。

最著名的投射实验是著名瑞士心理学家罗夏1921年创立的"罗夏试验"，让被试者来评价由于纸被折叠而形成的浓淡不一的对称的墨迹图案，如图3-7。

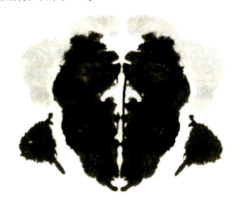

图3-7 罗夏墨迹实验

◎ 五、仪器测量法

仪器测量法，即运用仪器作为主要手段，来记录和测试主体外在行为，分析和发现其背后的心理机制。常用的仪器包括脑电图、眼动仪、虚拟现实设备等。使用仪器研究能保证研究结果的客观性，并可反复检验，因此正如近年心脑科学成为心理学研究的热点一样，仪器测试也得到了设计心理学领域的学者们的广泛关注。如图3-8a、图3-8b都是传统常规测量仪器，已难以独立完成新技术条件下的心理测量。

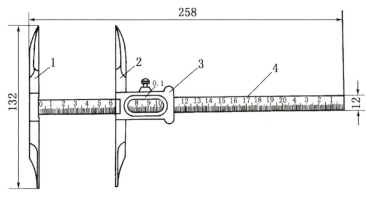

图3-8a 常规仪器

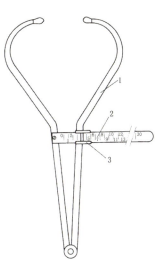

图3-8b 常规仪器

图3-9a 眼动仪

图3-9b 眼动仪

图3-10

近年来，设计心理学研究中较常采用的测试仪器是眼动仪(眼动照相机)，如图3-9a、图3-9b，即使用精密视线追踪装置，将被试者观察设计物的眼动轨迹记录下来，并通过分析眼动仪记录的数据，判断被试者对设计的注意程度、关注的部分，据此对产品原型提出改进建议。目前存在多种眼动测量指标：注视时间、注视次数、视觉扫描路径、长度和时间、眼跳数目和眼跳幅度、回溯性眼跳比、瞳孔尺寸的变化等。从产品可用性的测试来看，注视次数少、注视时间短、扫描路径和时间短的通常表明原型设计合理，用户容易使用且较少出错。相反，如用以评价广告设计、造型设计时，瞳孔变大、注视时间变长、次数增多等则表明用户对所观察的产品感兴趣但原因并不能确定。

早在20世纪20年代，国外学者就已开始通过简易的眼动仪器来研究广告心理，做了一些很有价值的探索。例如利用特殊的照相机来研究被试者的眼睛注视了哪些地方、多长时间，以及视线移动的次序。例如Thompson和Luce用眼动仪记录了读者阅读杂志广告的眼动情况，发现多数读者先阅读广告的标题，其次是图案，最后才可能注意广告上的文字说明。1997年，Lohse等人使用先进的眼动仪器对阅读电话号码本上的广告进行了眼动研究，发现读者更喜欢阅读彩色的、图像的、面积较大的广告，并且喜欢看标题部分的广告，而末尾的广告几乎无人注意。

眼动仪还可被用于产品外观设计的用户研究，图3-10是2005年上海某公司使用眼动仪，对某品牌移动存储盘外观喜好倾向进行的研究。实验首先记录了22名参与者注视图中移动存储盘外观的眼动情况，再与问卷调查法和访谈法的结果进行比较，最后得到的结论是，移动存储盘外观的眼动指标和主观评价具有一致性；不同主观评价等级分别与平均注视时间、注视总时间及注视频次间存在着显著相关性；问卷中越受喜好的移动存储盘，平均注视时间和注视总时间就越长，注视频次越多。

日本感性工学领域专家、筑波大学教授原田昭近年也逐渐将其感性工学研究的方法从传统的语意量表的统计转变为使用眼动仪器进行测量。在一个内容为"美术馆内欣赏艺术作品行为和情感"的研究项目中[1]，研究者首先请带有眼睛记录相机的人通过计算机参观美术馆，之后为了解决"靠眼动仪器来记录人的欣赏过程时不够充分"的问题，研究者又使用遥控机器人取代真人实地参观，并记录机器人在美术馆中的参观路径、观赏者的参观顺序、每幅画吸引人的程度、对每幅画的细节如何欣赏等。

此外，在设计心理研究中还常常用到问卷法、焦点小组法、深度访谈法等方法。

第三节　设计心理学的研究步骤

以上介绍的各种研究方法的理论依据、操作过程、结果分析方法各不相同，必须根据不同的研究目的，精心设计，合理选择，而如何有序地、有针对性地进行研究设计，是设计心理学研究的关键，如图3-11所示的循环研究图，揭示了设计活动围绕具体目的的循环过程。一般而言，设计心理学的研究包括以下步骤：

图3-11 循环研究

◎ 一、明确研究目的

这里所指的研究目的包括两重含义：一是这个研究的具体研究目标；二是这个研究属于什么样的研究层次。

常见的研究可以分为三个层次，这三个层次从低到高分别是：

1. 描述性研究

将研究问题时所获知的表面事实，客观地用口头或文字描述出来。只求事实的真实性，不涉及问题发生的原因。

2. 解释性研究

将问题发生的前因后果分析清楚，以描述性的事实为根据解释，进一步分析形成问题的原因。

3. 预测性研究

根据现有的资料，去推测将来发生问题的可能性。预测性研

---

[1] [日]原田昭：《感性工学研究策略》，清华国际设计管理论坛论文，2002年。

究适用于因果关系明确的问题。例如，研究者预测某广告设计可能会对目标消费群体带来正面效应，再通过设计心理研究来验证这一预测。

◎ 二、相关文献检索和文献阅读

确立了研究的目的以后，就应该进行文献的检索，收集相关资料，这些资料包括：前人所做过的相关研究；相关的理论依据和领域知识；其他商业部门和公司所做的调查研究等。

◎ 三、选择合适的研究工具，设计研究方案

首先，根据自己的研究目的、研究条件(人员、资金、设备、时间)，参考前人研究，选择合适的研究方法和工具，具体研究方法可参考前面的介绍；再根据不同的研究目的和研究方法制定研究方案，这个部分是整个研究过程的关键，设计方案的可行性、完善程度直接关系最终能否实现研究的目的，能否验证假设。在有些情况下，为保证研究结果的有效性，应先做预实验(研究)来检测研究方案的可行性。

◎ 四、实施方案

按照既定目标，有计划地组织、调配资源，去操作、执行具体方案。

◎ 五、收集数据，进行分析研究

定性研究必须聘请专业人士来收集和分析数据，而定量研究则不一定，收集来的数据可以运用一定的软件(如Excel、Spss)来进行分析、统计。

◎ 六、撰写报告

从大量数据和资料中获取有效信息，形成书面报告。

1. 直接获取信息

这是最常用的一种提取信息的方式，研究者通过对实验结果和数据的直观分析来获取所需知识。描述性研究中获得的数据和资料，一般的处理方式就是直接获取信息。

2．捕捉可能的联系

有时设计心理研究的目的较为模糊，例如进行产品的可用性测试时，研究者无法预先得知可能出现的问题，这就需要研究者不仅能敏锐地捕捉现象、行为，还要推测与其相关的因素以及可能的联系等，有点类似于侦探们运用蛛丝马迹的线索进行推理的过程。

3．透过表面，关注用户潜在需要

在很多研究中，有心的研究者常常能获得珍贵的副收获，即通过收集的资料，发现超出实验目的之外的更有意义的收获。

本章思考与练习

一、复习要点及主要概念

定量研究、定性研究，观察法、量表法、焦点小组法、投射法、口语分析法，描述性研究、解释性研究、预测性研究。

二、问题与讨论

1．设计心理学研究的步骤有哪些？
2．如何通过设计心理学研究获得有效信息？

三、思考题

1．什么是定量研究？
2．何谓口语分析法？
3．什么叫眼动实验法？
4．简述眼动实验对设计研究的科学意义。

第4章

设计师个体心理特征

第4章 设计师个体心理特征

本章学习提示

本章从创造心理、审美心理、情感心理等几个方面系统分析了设计师的个体心理特征。

设计离不开独创，而创造力的培养与激发是设计人才培养的关键；设计离不开审美品位，设计中的审美心理过程是设计师必须了解并尊重的规律；当今的设计越来越强调情感体验，情感设计成为当今设计的核心。

教师可向学生多介绍最前沿的有创造性又充满审美情趣和情感的案例，甚至可将枯燥的理论教学与设计欣赏联系起来讲授。

第一节 设计师人格与创造力

个体心理特征又叫主体心理特征，即创造的个体属性。创造、创造力及创造性思维均以个人为主体。创造力的发挥离不开个体心理特征的影响，目前，人们越来越重视影响个体创造力的自身人格因素。如图4-1创意思维特点。

图4-1 创意思维特点

◎ 一、个体的创造力

1．定义

创造力是指设计师根据一定目的和任务，运用一切已知信息，开展能动思维活动，产生出某种新颖、独特、有社会或个人价值的想法和产品的智力品质。近似于人们常说到的"灵感"，如图4-2创意与灵感。创造力具有如下一些基本特征：

（1）首创特征，"无"是创造产生的前提，创造产物应该是前所未有的。

（2）个体特征，指创造的个体属性。

(3)功利特征，创造产物应该实现其创造的价值。

2．创造力的要素

美国心理学家吉尔福德总结出创造力的六个要素：

(1)敏感性(sensitivity)，即对问题的感受力；

(2)流畅性(fluency)；

(3)灵活性(flexibility)；

(4)独创性(originality)；

(5)洞察性(penetration)，即透过现象看本质的能力；

(6)重组能力或者称为再定义性(redefinition)，即善于发现问题的多种解决方法。

设计活动中，流畅性、灵活性与独创性是最重要的特性。

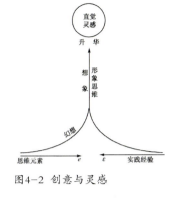

图4-2 创意与灵感

3．创造力的动态结构

创造力是一种解决特殊问题的能力，是异于常规的求解之道。个体创造力具有完整的结构模式，这是由物质世界的整体性和统一性决定的。如图4-3创意思维动态结构。

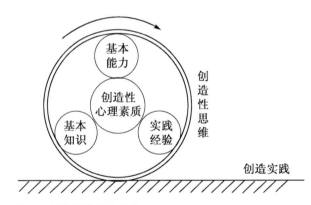

图4-3 创意思维动态结构

(1)发现问题的能力。指从外界众多的信息源中，发现自己所需要的、有价值的问题的能力。如图4-4是一组光盘创意，是对光盘上圆孔的创造性发现。

a

b

c

d

e

图4-4(a,b,c,d,e) 光盘创意

(2)明确问题的能力。明确问题就是将获取的新问题纳入主体已有的知识经验中存储起来。所有的相关信息能有效地被提取并应用，使得问题信息始终处于活跃状态，以诱发创造者产生灵感。

(3)阐述问题的能力。指用已掌握的知识理解和说明未知问题的能力。

(4)组织问题的能力。指对问题的心理加工和实际操作加工的能力。如图4-5是对基本元素创造性的重组。

图4-5（a,b,c）创意重组

(5)输出问题的能力。指将解决问题的方案，用文字或非文字的形式呈现出来的能力。

◎ 二、设计师的人格

1. 人格特征

每个设计人都梦想成为设计大师。究竟是什么造就了设计大师呢？作者认为最重要的决定因素之一就是其本人的人格因素。人格即比较稳定的对个体特征性行为模式有影响的心理品质。

吉尔福德和其他学者们提出了创造力的基本人格特征。许多心理学家也分别从不同领域展开创造力人格的研究，研究表明，非凡的创造者通常都具有独特的个性特征，但是不同类型、不同领域的创造者的人格特征也具有其独特性。

美国学者罗(Roe)通过对多个领域的艺术家和科学家的研究，发现他们都有一个共同的特质，那就是努力以及长期工作的意愿。罗斯曼(Rossman)对发明家人格的研究也发现他们具有"毅力"这一个性特征。如图4-6所示，创造力是在长期实践中发展的。

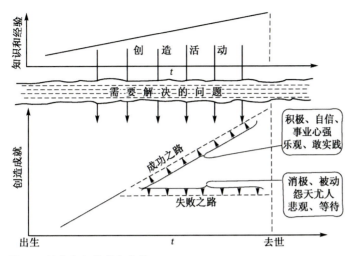

图4-6 创造力在实践中发展

此外，设计师还需要具有一种发明家的创造性人格特征。例如沟通和交流能力、经营能力等。这些虽然对艺术设计创意能力并没有直接影响，但是能帮助设计师弄清目标人群的需求、甲方意志、市场需要等，间接帮助艺术设计师做出既具有艺术作品的优美品质，又能满足消费者、大众多层次需要的设计。

2．个体品质

优秀的设计作品源于设计师具有"良好的心态+冷静的思考+绝对的自信+深厚的文化"。

(1)知识素养。

创造力是一种综合能力，尽管创造过程是一个思维过程，但离不开创造个体知识的积累和知识结构的性质。设计师的素养，就是指"从事现代设计职业和承担起相应的工作任务所应当具有的知识技能及其所达到的一定水平"，是一种能力要求。如图4-7系列作品蕴涵着作者靳埭强先生融贯中西的独特知识结构，特别是他人难以企及的深厚传统文化素养。

设计师的知识结构划分为如下三个层次：

一般文化科学知识。其中包括必要的人文社会科学知识、自然科学知识和基本的哲学知识。

专业基础知识。主要指设计理论、设计史、设计相关的基本美学知识及训练。设计师通过掌握设计相关理论知识和了解设计史，明晰设计发展脉络并掌握设计发展规律，有助于设计师养成良好的思维方式并可对未来设计做出正确的预测。

设计专业知识。是针对具体设计类型设置的具有针对性和专业性的学科知识。这些知识基本上反映了各类型设计的技能要求

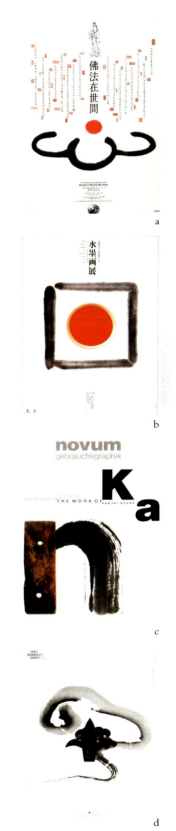

图4-7(a,b,c,d) 传统文化海报

和本质属性，是设计门类的核心知识。

(2)设计能力。

设计能力并不是一种单一的能力，而是多项能力相结合并相互作用所呈现出的综合性能力。设计师除了应该具备完成大多数行为所需要的基本能力(如记忆、思维、想象、理解等)之外，还需要具备一些与设计直接相关的专业能力。

观察和理解的能力。即针对设计客体所进行的深入的剖析、理解的能力，是掌握相关构成要素及概括的能力。

创造能力。每一次真正意义上的设计活动都应该是一次创造活动，哪怕是局部性的创造。

分析和解决问题的能力。对设计中出现的问题能够给予理性分析，并捕捉到问题的实质和难点所在。

表达能力。表达能力不仅局限于语言学中的表达，它还包括造型表达能力。表达能力的高低反映了设计师思维转换能力的高低。

(3)个性品质。

创造力是多种能力的协调活动，但也与创造个体的品质有关。不同的个体品质有时会极大地影响创造主体的思维方式和解决问题的方法。

兴趣。"兴趣是最好的老师，兴趣是求知欲的原动力和出发点。"兴趣是一种积极的、选择性的态度和情绪，它对于设计创造具有较大的推动作用。

意志。意志是人自觉地确定目的并支配其行动以实现预定目的的心理过程，它建立在自觉意识的基础上，是能动地改造客现世界、寻求问题答案的主观动机。意志品质会作为内在驱动力推动设计实现。

自信。自信是一种积极的自我体验，是确定自我能力的心理状态和相信自己能够实现既定目标的心理倾向。自信能保持设计师乐观的工作态度和不断进取的精神。

合作。设计项目都需要各类型设计师与专业技术人员(如工程师、模型制作师、营销专家)组成设计团队，完成设计项目。因此，设计师应具有良好的职业道德和团队协作意识。

◎ 三、设计师"天赋论"

创造力是设计师能力的核心，设计所具有的类似于艺术创作的属性，使得许多人认为设计能力主要是一种天赋，只有少数某些人才可能具备，即设计师"天赋论"[①]，这种"天赋"的观念非常普遍，但究竟有没有科学根据呢？

从理论上说，天赋是个体与生俱来的解剖生理特点，尤其是神经系统的特点，对于从事设计工作是有益的。某些人与生俱来的人格特质使其更适合于艺术设计的工作，例如较高的灵活性、好奇心、感受力、自信心、自我意识强烈等。

天赋固然是一个优秀设计师成长的必要基础，但是后天形成的性格特质和工作动机，却决定了天赋是否能真正得以发挥并转化成现实的创造。设计师在既定的天赋基础上，如何增进个人从事艺术设计活动的能力，取决于两个方面的因素：一是通过学习和训练进行设计思维能力的培养，提高创意能力；二是个人性格的培养和塑造，通过性格的磨砺以提高动机方面的因素。

◎ 四、设计师的创造力培养与激发

设计心理学中创造力研究的主要目的，是帮助设计师充分挖掘和发挥其创造力，提高设计师的设计创意水平。设计师创造力的培养和激发包括两个方面的内容：一是设计思维能力的培养，主要侧重于培养设计师思维过程的流畅性、灵活性与独创性；二是通过某些组织方法激发创意的产生。

1．设计师设计思维能力的培养

正如前面创造力的结构部分中所提到的，创造力与许多个人素质和能力密不可分，例如好奇心、勇敢、自主性、诚实等，在对设计师的培养中，非常重要的是要鼓励他们大胆地表达自己别出心裁的想法和批评性的意见。

创造力的培养，首先，就是创造自由宽松的设计环境，解放设计师的思维，让他们大胆想象，让思维自由漫步。其次，提高设计者的创造性人格，例如培养设计师的想象力、好奇心、冒险精神、对自己的信心、集中注意的能力等。再次，培养设计者立体性的思维方式。立体的思维方式又称为横向复合性思维，它是强调思维的主体必须从各个方面、各个属性，全方面、综合、整体地考虑设计问题，围绕设计目标向周围散射展开。这样，设计者的思维就不会被阻隔在某个角度，造成灵感的枯竭。最后，培

---

①[美]理查德·格里格、菲利普·津巴多著，王垒、王甦等译：《心理学与生活》，北京：人民邮电出版社2003年版，第388-392页。

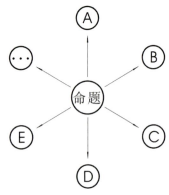

图4-8a 联想思维模式图

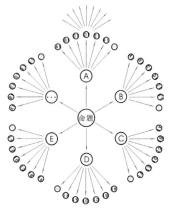

图4-8b 多层有序发散性思维模式图

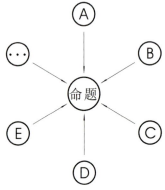

图4-8c 聚敛性思维模式图

养设计者收集素材、使用资料和素材的能力,增强他们进行设计知识库的扩充和更新能力。

2．创造力的组织方法培养

一些有效的组织方式已经被设计出来,它们能提高设计师的注意力、灵感创造力的发挥。比较著名的方式有头脑风暴法(brain storming)、检查单法、类比模拟发明法、综合移植法、希望点列举法等。如图4-8思维模式图。

(1)头脑风暴法。

也称"头脑激荡法",由纽约广告公司的创始人之一A．奥斯本最早提出,即一组人员运用开会的方式将所有与会人员对某一问题的看法聚积起来以解决问题。实施这种方法时,禁止批评任何人所表达的思想,它的优点是小组讨论中的竞争状态能使成员的创造力更容易得到激发。

(2)检查单法。

也称"提示法",即把现有事物的要素进行分离,然后按照新的要求和目的加以重新组合或置换某些元素,对事物换一个角度来看。

(3)类比模拟发明法。

即运用某一事物作为类比对照得到有益的启发。这种方法对于以现有知识无法解决的难题特别有效,正如哲学家康德所说:"每当理智缺乏可靠论证的思路时,类比这个方法往往能指引我们前进。"[①]这一方法在艺术设计中早已被广泛运用。

(4)综合移植法。

即应用或移植其他领域里发现的新原理或新技术。例如"流线型"最初来源于空气动力学的实验研究,而由于它的流畅、柔和的曲线美,在20世纪三四十年代成为风靡世界的流行设计风格,被广泛地运用在汽车、冰箱甚至订书机上。如图4-9流线型

图4-9a 流线型　　　　　　　　图4-9b 流线型

---

①[德]康德:《宇宙发展史概论》,上海:上海人民出版社1972年版,第147页。

图4-9c 流线型　　　　　图4-9d 流线型

结构的应用。

(5)希望点列举法。

即将各种各样的梦想、希望、联想等一一列举，在轻松自由的环境下，无拘无束地展开讨论。例如在关于衣服的讨论中，参与者可能提出"我希望我的衣服能随着温度变薄变厚"，"我希望我的衣服能变色"，"我希望衣服不需要清洁也能保持干净"等。

第二节 设计师的审美心理

◎ 一、设计审美

1．设计的审美活动

(1)审美活动的概念。

审美活动是指人观察、发现、感受、体验及审视特有审美对象的心理活动。

在审美活动中，首先由人的生理功能与心理功能相互作用，将看到的、听到的、触摸到的感知形象，转化为信息，经过大脑的加工、转换与组合，形成审美感受和理解。

(2)设计审美的心理活动。

设计的审美活动不同于一般所指的审美活动：设计审美活动不是被动地感知，而是一种主动积极的审美感受，是由积淀着的理性内容的审美感受经过感知、想象来主动接受美的感染，领悟情感上的满足和愉悦。设计的审美活动是从精神上认识世界、改造世界的方式之一，是人的本质力量感性显现的主要渠道。

2．设计的审美关系

(1)审美关系的概念。

人在审美活动中与客观世界产生的美与创造美的关系，即人与客观存在的审美关系。包括：人与审美对象的时间关系，人的意识与客观事物之间的审美关系；人反作用于客观现实、创造美、发展美的关系；它们相互制约与渗透，构成审美关系的客观基础。

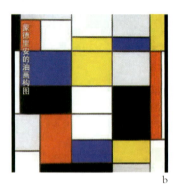

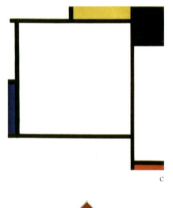

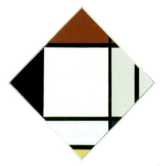

图4-10（a,b,c,d）蒙德里安作品

(2)设计的审美关系。

被主体认识、欣赏、体验、评价与改造的具有审美物质的客观事物，称审美客体。审美客体与审美主体构成审美关系。

在设计的审美关系中，客体制约着主体。设计实践产生审美的需要，沟通设计者与客体美的联系，锻炼了设计者审美、创造美的能力，使设计者通过审美认识客体，并改造客体。这样，设计面临的客观世界成为审美的客体，设计者成为审美的主体，设计活动构建了从无到有、由简单到复杂的设计的审美关系。

3. 设计的审美对象

(1)审美对象的概念。

被主体认识、欣赏、体验、评价与改造的具有审美意义的客观事物，称为审美对象。它具有形象性：如客观事物的形状、色彩、质地、光影与声响等；丰富性："大千世界，无奇不有"；独特性：每一个审美对象都有各自的实质与特征。审美对象最重要的特征是具有美的感染性，能使人达到荡气回肠的愉悦程度。

(2)设计的审美对象。

设计的审美对象主要是设计的成果，即造物活动的创造成果。设计活动既要按照美的规律，又要根据人的审美需要改造与创新，又要以自然、社会、艺术为审美对象，使设计的成果能激起人的审美感受和审美评价，使设计成果成为人的审美对象，并

图4-11a 里特维尔德红蓝桌

图4-11b 里特维尔德红蓝椅

图4-11c 里特维尔德建筑

图4-11d 学生设计习作

推动审美对象的发展。

当审美对象激起审美创造的欲望时，他们会赋予创造成果以美的感染力与兴奋点，激发使用与欣赏的审美激情，使人们以设计成果为审美对象，陶醉于幸福与美好中。如图4-10根据蒙德里安经典作品的审美启迪；无数优秀设计作品层出不穷，如图4-11。

4．设计的审美主体

(1)审美主体的概念。

人是审美的主体，即认识、欣赏、评价审美对象的主体，包括个人与群体。

(2)设计中的审美主体。

设计者是设计活动中的审美主体。通过对客观世界的审美感受，以审美主体的意志创造了设计的成果，为人们使用与欣赏提供了审美对象。包括设计者在内，每一个人都是设计成果的审美主体，也都是以客观世界为审美对象的审美主体。无论是设计者还是使用者、欣赏者，作为审美主体都存在着复杂性、差异性和发展性。

5．设计的审美欣赏

(1)审美欣赏的概念。

审美主体对审美客体的感受、体验、鉴别、评价和再创造的审美心理活动过程称为审美欣赏。审美欣赏主要是形象思维过程，是从对具体可感的形象开始，经过分析、判断、综合到想象、联想、情感的心理活动，来实现审美主体与客体的融合与统一，因此常用"品味"一词来代替审美欣赏的说法，如图4-12靳埭强先生作品体现时尚品味。

图4-12 靳埭强作品

(2)设计中的审美欣赏。

设计者凭借自身的审美欣赏能力，以形象思维的方式进行美的创造，为人们提供审美欣赏的对象。因此，设计者除了自身的审美欣赏，主要的是如何付诸艺术的魅力，满足人们的审美欣赏需要。

审美欣赏的层次又取决于人的思想、情感、性格、气质与能力，取决于审美创造者的审美价值观、人生观、艺术修养。设计者与艺术家们从自身做起，具备了高雅的、健康的、积极的审美欣赏的层次与指向，才能引导与塑造人们的审美取向，形成一个时代的审美欣赏爱好与趣味。

◎ 二、设计审美心理过程

设计的审美心理过程是在原有心理结构的基础上，审美心理活动的发生、发展和发挥能动作用的过程。与人的其他心理活动方式一样，审美心理经历着认知过程、情感过程与意志过程。即有感才有知，有知才有情，有情才有志的心理过程。审美心理过程具体分为三个阶段：

第一阶段，审美心理的认识过程，即由感受、知觉、表象到记忆分析、综合、联想、想象再到判断、意念理解的过程。

第二阶段，进入情感过程，产生审美的心境、热情、抒情和移情共鸣、逆反等情绪活动的过程。

第三阶段，是审美的意志过程，包括目的、决心、计划、行为、毅力等。

图4-13a 科拉尼的茶具

第三节 设计师的情感

◎ 一、情感设计

图4-13b 科拉尼的刀叉

情感设计即强调情感体验的设计。艺术设计是实用的艺术，使用性和目的性是它的本质属性。设计物中的情感体验从一开始就脱离不了功利性的目的。

情感设计是设计师通过对人们的心理活动，特别是情绪、情感产生的一般规律和原理的研究和分析，在艺术设计作品中有目的、有意识地激发人们的某种情感，使设计作品能更好地实现其目的性的设计，例如在家居设计中体现温馨，在工具设计中体现效率和速度，在警告性标记中激发恐怖感或警惕感等。如图4-13科拉尼的仿生作品，体现出作者对大自然深深的挚爱，也让观者产生回归自然的愉悦和亲切。

图4-13c 科拉尼的仿生设计

理解情感设计，应从两个方面入手：第一，是作品的艺术价值，集中体现为它们能激发人们的某种情感体验，在美学中被统称为"审美体验"；第二，功能性，是设计艺术的本质属性，设计艺术的情感体验在于使用物品的复杂情境下，人与物互动中产生的综合性的情感体验，它具有动态、随机、情境性的特点。

综上所述，情感设计的核心相应也在于两个方面的情感激发：一方面，利用设计的形式以及符号语言激发观看者适当的情感，例如效率感、新奇感、幽默感、亲切感等，促使他们在存在需求的情况下产生购买行为,或者激发他们的潜在需求,产生购买意念;另一个方面,使处于具体使用情境下的用户产生适当的情绪和情感,具体包括:提高设计可用性、使用的趣味性,并且在某些设计作品的使用过程中提供一定思考的余地,使用户具有想象的空间和能动发挥的余地,体会到自我实现和征服的乐趣。

◎ 二、设计物的情感体验

1. 设计情感的三个层次

现代设计的造型趋于抽象、简化,如何激发人们产生各种复杂的情感体验呢?其心理机制至少应体现于三个层次之上:

第一个层次,造型自身的要素以及这些要素组合形成的结构,能直接作用于人的感官而引起人们相应的情绪,例如寒冷、温暖、收缩、刺激等;同时伴随着相应的情感体验,例如温暖明亮伴随着愉悦,寒冷幽暗伴随着厌恶或伤感等。如图4-14学生开发的情感丰富的水果时钟,带给人耳目一新的明快感受。

图4-14 情感丰富的水果时钟

第二个层次,造型的要素以及它们的结构使人们无意识或有意识地联想到具有某种关联的情境或物品,并由于对这些联想事物的态度而产生连带的情感。

第三个层次,在于形式的象征含义,观看者通过对形式意义的理解而体验相应的情感,这是最高层次的情感激发与体验。

图4-15 水滴形时钟

设计中那些意象的或抽象的造型,其形式作为创造者有意识运用的符号语言,试图说明或表征特定的内容,供观看者根据自身的知识经验对形式加以解读和诠释。与联想激发的情感不同之处在于,符号具有既定的含义,是创作者有意识运用的交流语言。比如图4-15水滴形时钟设计,名为"流逝",如果观看者对古人"滴漏计时"的背景一无所知,那么这组设计对他而言就不具任何含义;相反,如果具有相应的文化背景知识,就具备了解读设计师符号语言的能力,才可能领会设计的幽默与诙谐。

解读一项设计作品给人们带来的情感体验时,可从以上三个层次着手,进行分析和理解。

2. 形的情感

孤立、独立的点、线、面本身似乎很难激发人们强烈的情感体验,不过实验美学的研究者们常提取一些异常简单的形状做试验,结果发现简单的图形要素也能激发相应情绪。我们从基本要素的情感体验着手,将这些要素通常引起的情感的方式进行分析如下。

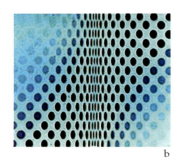

图4-16(a,b,c) 点

(1)点。

几何意义上的点只有具体位置,没有形态和面积。从造型来说,点如果没有形,我们的视觉就很难看到,所以点必然具有大小和面积,也即必须具备形态。它作用在周围空间,使人能感受到在它的内部具有膨胀和扩散的潜能。点在时间上是最短的形,在本质上是最简洁的形,是工具与物质材料表面最先相接触的结果,是线与面的基础。它是沉默与发言的最高而且是唯一的结合,意味着最有节制的言语。

点的表现形式无限多,可能是圆的、方的,还可能是不规则的,因此点的情感基调很难一概而论,会根据不同的大小、形态而发生变化。如图4-16、图4-17、图4-18都以点为基本元素创造出新颖活泼的独特情调。

图4-17

图4-18

(2)线。

线是点的轨迹。几何学上,线是没有粗细而只有长度和方向的,但在造型上,它也要持有深度和宽度。平面的线包括了几何线和非几何线两类,其中几何的线包括直线、折线和曲线,曲线发展到极端就是圆——最圆满的线;非几何的线包括各种随意的线;此外还有三维的线,例如螺线等。

直线常使人感觉紧张,目的明确、理性而简洁,反映了无限运动的最简洁状态。

我们可以通过图4-19中躺椅承重面的线条来说明折线的情感。最大角度,近乎水平线的折线使人感觉舒适安逸,温暖闲

图4-19 科布西埃舒展的躺椅

图4-20 黄花梨圈椅

散;折线越接近直角,则感觉越来越紧张,当椅背与椅座接近直角的时候,就是最正襟危坐的姿态,感觉紧张而节制。如图4-20中国传统木座椅就常采用这种角度的靠背,表达了中国礼教文化要求人恪守礼仪、讲究尊卑的传统。

曲线分为开放的曲线和封闭的曲线,整体给人腾跃兴奋、明朗欢愉之感。开放的曲线有C曲线、S曲线、旋涡曲线、波浪线等,具有女性优雅与柔和之感;但若过于夸张,就会产生反作用,引起不明确的现象。

如图4-21系列作品,都是以各种线为基本元素,来创造新颖活泼的独特图形。

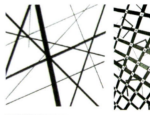

| 图4-21a | 图4-21b | 图4-21c |
| 图4-21d | 图4-21e |
| 图4-21f |

图4-21(a,b,c,d) 线
图4-21(e,f) 以线的规则旋转形成面的形态

图4-22

图4-23a

图4-23b

(3)面。

点的集合以及线运动形成了平面，线常作为面的界限来定义面的存在。基本的几何面可以分为三角形、圆形和矩形三类，其他几何面都是在这三类面的基础上派生出来的。

矩形是由两组垂直线和两组水平线组成的，两组边存在相互节制的属性，水平一边获得优势则感觉寒冷、节制，相反则显得温暖、紧张、动感十足。"正方形则是轮廓的两组线具有相同的力的均衡形式，因此其寒冷感与温暖感保持着相对的均衡。"① 如图4-22是对生活中矩形形态的整理。

三角形可视为一条直线两次折叠而成，或者将矩形切割形成，它是最具有方向性以及定义平面最简约、最稳定的几何图形。如图4-23a、图4-23b是研究者对三角形的分析。

三角形和矩形都属于直线几何面，它们之间的叠加、切割会产生各种多角形，这些直角形都从属和包含在前面的基本型内，不过更加复杂，其激发情感的规律与前面所述基本类似。如图4-24是西方典型的圣诞树造型。

图4-24

在平面图形中，内部最静止的是圆，因为它是弧线最终的闭合的终点，也是多角形的钝角不断增加直至消失。圆很单纯，也很复杂，它象征团圆、圆满，即使圆滑，也表明了一种中庸、有节的态度，所谓"外圆内方"就是最典型的中国式人格的体现，代表一种成熟的为人处世态度。如图4-25a、图4-25b是对圆的深层次研究与比较。

(4)体。

最常见的体是由面围合形成的体，分为几何体和非几何体。

① [俄]康定斯基著，查立译：《论艺术的精神》，北京：中国社会科学出版社1987年版，第176页。

ART DESIGN

第4章 设计师个体心理特征

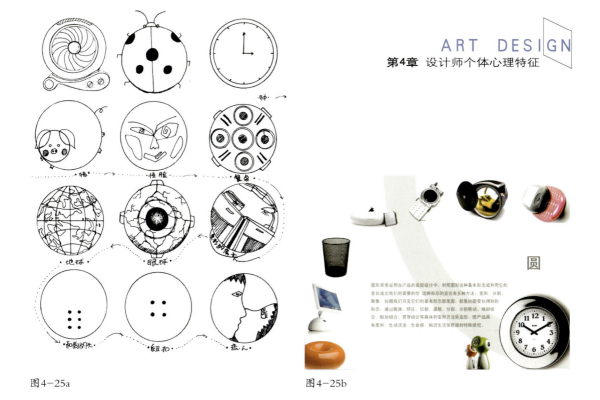

图4-25a   图4-25b

几何体的基本形式包括了长方体(包括正方体)、圆柱体和球体,其他的几何体基本都是在这几种几何体的基础上通过组合、切割、变形而形成的。

非几何的体包含两大类:一类是具象的体;另一类是抽象的自由形体。具象的体常来自对自然的模仿和变形,它们带给人们的情感体验与所模仿的对象带给人们的情感体验密切相关。设计中运用抽象形体则是随着现代主义风格的发展而逐渐发展起来的。最极端的抽象自由形体体现未来感、科技感,因此设计师在进行概念设计时常喜欢使用这样的形体。如图4-26系列图是典型的几何形体块构成,营造出厚重饱满的情感基调。

	图4-26a	图4-26b
图4-26e	图4-26c	图4-26d

59

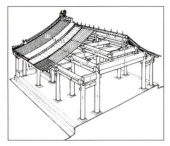

图4-27a 中国建筑抬梁式木构架

图4-27b 桌椅腿直角榫支架

图4-27c 典型榫卯结构连接的斗

(5)结构。

形和体对人们情感的激发,一方面来自要素本身的情感特性,但更重要的还是来自造型要素组合时的尺度、比例和构成,即结构的情感。完全符合良好结构的形,人们会本能地感觉愉悦、舒适、放松和平静;而打破良好结构的形则能吸引人的注意力,产生一定的张力和动感。

优美的造型构成法则有:适度的比例分割,例如黄金分割、对称和均衡、对比与微差、韵律与节奏等,这些法则基本上是教会我们如何按照视觉最为愉悦的方式来构造型体,比如对称的图形比较均衡、稳重。完全依据这些造型原则构造的形式通常是美的,如希腊、雅典的那些古典主义的建筑。结构的情感除了纯粹的感官层面之外,也同样具有联想和象征两个层面,其分析的方式与形的要素类似。如图4-27a,是中国传统建筑抬梁式木构架;而图4-27b则是榫卯结构在日常家具中的应用,是典型的桌椅腿直角榫支架;图4-27c,是用典型榫卯结构连接的斗拱形态,以其精巧的结构和独特的美感成为中国木结构乃至传统文化的符号象征。

到了新材料、新技术飞速发展的今天,结构的情感意义更加丰富多样。如图4-28a至图4-28d系列图片都重视强调现代结构,而像法国巴黎的蓬皮杜文化艺术中心和伦敦洛伊德大厦的设

图4-28a 图4-28b
图4-28c 图4-28d
图4-28a 现代铰链结构
图4-28b 上翻板架
图4-28c 现代结构
图4-28d 现代结构

计师，更是迷恋于结构之美，将各种结构件和管道都毫不遮掩地彰显在外，见图4-29a至图4-29b，图4-30a至图4-30c。

3．色彩的情感

人们对色彩的情感体验是最为直接也是最为普遍的。早在牛

图4-29a 蓬皮杜文化艺术中心

图4-30a 洛伊德大厦　　图4-30b 洛伊德大厦　　图4-30c 洛伊德大厦内部结构

顿光色研究之前，人们就已经感受到了色彩能明显地影响心情，使人产生各种情感体验。根据色的物理属性和情感体验。人们赋予色彩种种象征的意味。

人对色彩的情感体验来自对色彩的物理属性直观感知导致的相应心理变化，即对色彩三大属性——色相、明度、纯度的感觉体验。也可能由于质感、肌理、背景、位置等因素给人不同的感觉，产生不同的情感体验。

图4-29b 蓬皮杜文化艺术中心

色彩的情感也常来自某些物体的固有色，它能使人在看到这一颜色时产生相应的联想，这些联想本质上是与该物体所激发的情感体验密切相关的。

色彩的情感体验还来自象征，即运用颜色作为符号，传递某种意思和内涵。

(1)色彩特性的情感体验。

第一，物体通过表面的色彩能给人们带来温暖或凉爽的感觉。

第二，色彩能影响人们对物体的重量和体积的感受。一般来说，深色使人感觉重量比较重，浅色则感觉比较轻，因此深色比浅色更能带给人们隆重、庄严的情感体验。

第三，色彩还能直接影响人的情绪。鲜艳的色彩一般与动态、快乐、兴奋的情绪关系密切，而朴素的色彩则与宁静、抑制、静态的情感关系密切。

(2)色彩对比的情感体验。

从色调上来看，互补色毗邻，两色纯度明显提高，对比强烈，能提高人的注意力和兴奋程度。从纯度来看，任何色彩与纯度高于自身的色彩对比会降低自身的纯，反之亦然。设计师为了突出设计中的某个部分，往往挑选比周围背景颜色纯度高的色彩，以吸引注意力。如图4-31英国地铁海报，通过强烈的冷暖色调对比，强化乘坐地铁冬暖夏凉的优越感，达到直观的广告效果。

(3)固有色的情感体验。

在人们的印象中，某些物体的色彩已成为固有概念，例如红

图4-31 英国地铁海报

旗、白雪、蓝天、绿树等，这称为这些事物的"固有色"。它有时能支配人们的购买行为，人们常根据他们对于物品色彩的常识、经验限定色彩的用途。例如金色、银色是贵重金属的颜色，代表高档和尊重，红色在中国文化中代表喜庆和热闹，家用电器则常使用无彩色，以配合大部分基调的家居装饰。

(4)色彩象征与情感体验。

色彩联想的抽象化、概念化、社会化导致色彩逐渐成为具有某种特定意义的象征，成为文化的载体。

色彩之所以能成为概念、理念、意志的象征，最初是由于其感觉上的特征使人联想到某些物质的固有色；后来，色彩成为某些基本物质的象征符号，与人的宇宙观和世界观密切联系了

起来,这种效应可以称为"同源同构互感"。例如阴阳的概念,冷色使人感觉阴冷,象征"阴",而暖色使人感觉温暖,象征"阳";五行的金、木、水、火、土则与物质的固有色联系在一起,树木为青,因此木为青;火焰为赤;冶炼的金属为白;深水为墨色;泥土为黄色;这么一一对应起来。类似的还有,古人将色彩与时间、空间也对应了起来,例如"春为青阳,夏为朱明,秋为素秋,冬为玄武"等。如图4-32四季色彩构成。

当颜色被赋予了符号的意味,成为人的身份、地位、背景、族类的象征之后,在统治森严的封建社会,就形成了严格的制度,成为自上而下都不得不遵守的规则。如图4-33a、图4-33b色彩的象征。

从色彩的自身属性来看,红、黄、蓝是所有色调的基础,也是每一种色彩文化语言的基础,这三种颜色色相明确,不带一丝含糊,因此常作为某些主题、思想、民族、精神的象征;黑色、白色作为无彩色,也具有非常明确的色彩属性,并且给人的感官刺激也最为强烈,因此也常被赋予象征意义。

图4-32 四季色彩

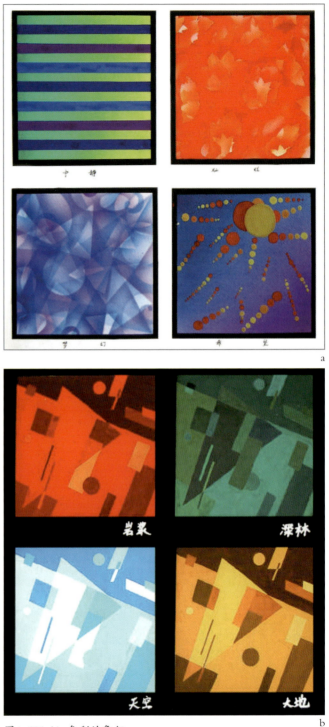

图4-33(a,b) 色彩的象征

4．材料的情感

材料原本并没有情感，它的情感来自人们对它的材质产生的感受，即质感。材质，是材料自身的结构和组织，质感是人们对于材料特性的感知,包括肌理、纹路、色彩、光泽、透明度、发光度、反光率以及它们所具有的表现力。

不同质感带给人们不同的感知,这种感知有时还会引起一定的联想,人们就对材料产生了联想层面的情感。

这里我们选择设计艺术中运用最为广泛的几种材料加以说明:

(1)金属。

金属材料使用历史悠久,种类繁多,一般而言它们共同的特点是表面富有光泽,具有特殊的亮度,特别是那些工艺精良的金属,表面明亮犹如镜面,具有很强的反射性、延展性。

不同金属材料的质感差异很大。如金、银、铜、锌等,显得富贵华丽;铝和钛显得雅致含蓄;青铜则显得凝重庄严,它们带给人们的情感体验各不相同。如图4-34a、图4-34b都是设计和生活中最常见的金属器皿。

铂、金、银等贵重金属,延展性、可塑性强,质感华丽,富有光泽,自古以来就被当作权势和财富的象征。如图4-35a、图4-35b、图4-35c都是典型的贵重金属器皿,宗教仪式上以它们作为礼仪道具显得神圣肃穆,老百姓也常以拥有贵重金属用品为荣。这些金属能引起人们的渴望和愉悦,使人赏心悦目。由于它们所带有的价值、文化习俗以及象征意义常诱发人们炫耀的情绪。

图4-34(a,b) 金属器皿/Sapper

图4-35a 黄金压纹盘

图4-35b 黄金镶珠宝碗

图4-35c 黄金镶珐琅彩法器皿

(2)木材。

木材种类繁多，具有丰富多彩的肌理和色泽，从视觉感觉上看，木材触感柔和、温暖，适合营造温馨的家庭氛围，显得优雅、含蓄、舒适。由于纹理本身自然优美，人们较少在上面进行涂饰，而更偏爱直接罩以清漆，以体现其自然的质感和纹理，使曾经具有生命的木材能给人以生命的韵律和自然、原始的体验。

图4-36a

图4-36b

图4-36c

如图4-36a、图4-36b、图4-36c。

与木材质地相近的还有竹材质，它比木材轻巧柔软，在高温后易于弯曲，冷却则能定型，利用这一属性将竹杆弯成任意曲线，从外观上能使人感到虚实交错，显得轻灵秀雅、生动活泼。同时，它还使人联想起高洁的文人气质，格外受到中国文人雅士

图4-37 古代竹简

的青睐。如图4-37古代竹简。

(3)玻璃。

玻璃是一种变化莫测、可塑性极大的材料。玻璃材质的情感体验首先就在于其流动感,透光、折射、反射,并倒映周围的环境的幻影,使得玻璃在明亮时璀璨照人;黑暗中散发幽光,

图4-38(a,b,c) 科拉尼的仿生设计

充满着神秘色彩。如图4-38a至图4-38c是科拉尼的仿生玻璃杯设计,充满自然情趣。

一般的玻璃触感凉如冰块,坚硬透明,带给人轻薄脆弱感,而那些半透明的,或者只透光不透明的玻璃,则使内部物质显得若隐若现,奇幻而具诱惑力。玻璃的特殊属性在黑暗的环境中表现得最为明显,因为那时它的透光性、透明性、折射性和反射性都表现到了极致。幽暗中的玻璃能像镜子一样反射出周围的物体,物品本身的形状又凹凸转折,使反射出的镜像能变形扭曲,出现意想不到的效果,显得光怪陆离,甚至恐怖,常被作为在现代都市丛林中迷失落寞的隐喻。如图4-39a至图

图4-39(a,b,c) 王建中作品

ART DESIGN
设计心理学

图4-40a 马家窑舞蹈纹彩陶盆

图4-40b 洁白细腻的青花瓷盘

4-39c是清华美术学院王建中教授的玻璃作品,充满奇幻美感。

(4)陶瓷。

陶器是黏土经水调和后经大约1000℃的温度烧结而成的;瓷器是使用特定的瓷土先塑造成型,再经过高于1250℃度的高温烧结而成的。在英文中,"中国"(China)即瓷器(china),可见瓷器在某种程度上,已经成为中国文化的象征,是一种典型的、代表中国文化的器物。

从质感来看,典型的陶与瓷略有差别。陶的气孔较大,吸水率较高,强度不如瓷,色泽不如经过多次淘洗而得到的瓷那样洁白细腻,但是陶土的可塑性胜于瓷土,"能显现更为含蓄丰富的色彩和肌理,有助于体现平和与质朴的情调。"[1]紫砂陶属于地域特色陶,质地细腻,不上色,不施釉,表面亚光,体现了陶质的天然大雅之风,深受文人雅士的钟爱。人们常在紫砂壶上题词、绘画、篆刻、雕刻等,使紫砂壶从一般的盛水器物逐渐演变为一种文化的符号,更多用来供主人"清供"和"把玩"。如图4-40a是新石器时代马家窑文化类型的舞蹈纹彩陶盆,彰显出彩陶含蓄丰富的色彩和拙朴粗旷的肌理效果。

瓷从品质上而言似乎优于陶,极品的青瓷"青如天,明如镜,薄如纸,声如磬",代表了人们心目中瓷器所应具有的美学标准。由此可见,瓷器带给人们的情感体验是一种综合性的体验,包括了形、色、声、质等诸多方面。如图4-40b是典型的云龙纹青花瓷盘,洁白细腻,深受文人雅士的钟爱。

(5)纸。

纸本是作为书写的材料,以后又成为印刷的主要材料。作为平面设计的基本载体,纸对于艺术设计具有非常重要的意义。作为一种制作材料,它更能激发丰富的情感体验。纸的强度、韧性

图4-41a 纸的创意

图4-41b 用于书籍的纸

图4-41c 作为文化传承的纸

[1] 李正安:《陶瓷设计》,杭州:中国美术学院出版社2002年版,第4页。

都很低，在很小压力下就可能会裂开、破碎，有时给人脆弱、不可靠的感觉。如图4-41a至图4-41c是纸的各种妙用，带给人丰富的情感体验。如图4-42a、图4-42b是罗瑞兰女士为某出版社

图4-42a 继承/罗瑞兰作品　　图4-42b 发展/罗瑞兰作品

设计的宣传招贴，充分挖掘出宣纸的文化品位，配合形态的隐喻，道出出版社传承文明、发展创新的行业特点。

纸有一定的透光性，表面的质感温和，色彩艳丽，很久以来就一直被东方民族作为制作灯笼的材料，现代纸制灯具也发掘了这一特性。采用电灯作为光源，显然更适合纸材质的灯具，充满了东方朦胧、含蓄的传统韵味，也充分利用了纸张造型的特点，呈现一种如抽象雕塑般的流动感。

(6)塑料。

塑料是一种彻底的人造材料，随着制造技术的发展，它的品种越来越丰富，能带给人们丰富的情感体验。

塑料与其他材料相比较为柔软，质地轻盈，给人一种柔软、温和、轻巧、灵活的情感体验。塑料是最具模仿性的材料，它能较为逼真地模仿玻璃、陶瓷、木材、竹材、皮革等多种材料，从视觉效果上看，它与模仿对象非常类似，但缺乏木材、金属等传统材料固有的历史底蕴和文化意味。

◎ 三、可用性与情感的关系

1．情感与可用性

可用性设计与情感设计是用户心理研究运用于艺术设计中的两个最重要的方面，是用户心理的理性需求与感性需求的具体体现，两者虽然重要但似乎也相互独立。事实上，可用性与情感体验本身又是二位一体的，不仅相互关联，而且互为因果，可用性

涉及人的主观满意度，以及带给人们的愉悦程度，因此它具有主观情感体验的成分，或者可以这样说，"迷人的产品更好用"。同时，设计艺术的情感建立在一定目的性的基础上，用户在使用过程中的情绪和情感体验也是设计情感的重要组成部分，即"好用的产品更迷人"。

回顾那些工业设计史上的经典产品设计，会发现它们都是优美迷人的设计作品，即便有些可能稍显古怪，能刺激到人的感官，使人兴奋，但如果作为一件经典的"有用之物"，它们的形式始终还是和谐而优美的，而绝对不是仅仅唤醒了人们的注意或者包含了深厚的文化意味。如图4-43a、图4-43b、图4-43c是科拉尼的仿生产品设计，是可用性设计与情感设计的完美统一。

有时广告设计可以通过刺激性的信息来唤醒人们的注意力，从而达到快速传递信息的目的，而产品造型则可能不应提倡这种

图4-43(a,b,c) 可用性与情感的统一

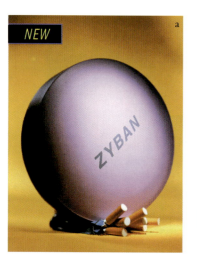

图4-44(a,b) 愉悦轻松的广告作品

过于强烈的感官刺激的设计，而更应提倡给人一种愉悦、优美、轻松的使用情绪。如图4-44a、图4-44b愉悦轻松的广告作品。

可用性与情感设计是影响用户心理的两个最重要的方面，两者之间又互为因果，可用性可能来自情感的体验，而情感的体验也可能影响可用性的好坏，应加以综合研究和运用。

2．使用的情感体验

人栖息于人造环境中，观赏并使用各种人造物，凡此类超出单纯的观看而具有功能性目的的行为，我们都将其称为人与物的互动。互动的结果固然是为了满足人的目的性需要，这种人与物之间的交互也不可避免地会带给人们某种相应的情感体验。人与

物互动的情感根据情感类型的高低以及意识参与的程度分为感官、效能和理解三个层面：

(1)感官层面。

感官层面的情感是人与物交互时本能的、通过感觉体验所激发的情感。它们看上去有趣而简单，缺乏所谓的内涵和意味，只是简单直白地刺激人的感官，例如食品包装广告、儿童用品以及游乐场里的刺激感官的电动玩具等。如图4-45是可口可乐的最新系列广告，借助鲜艳的色彩、时尚的主题，形成激烈的感官刺

图4-45 可口可乐新系列广告

激。多数大众文化、通俗文化层面的设计往往属于这个层面。

(2)效能层面。

这个层面上的人与物交互中的情感，来自人们在对物的使用中所感知和体验到的"用"的效能，即物品的可用性带给人们的情感体验。

效能所带来的情感，首先体现于高效率带给人们的愉悦感，人造物的原因本就是为了满足某个方面的需要，使其获得利益最大化。如图4-46a至图4-46b是一款新手电灯，效能考虑非常合理，将人的远近视野充分兼顾，使人获得最大限度的愉悦感。

此外，效能的感觉也并非一个绝对的概念，它具有极大的灵活度，这种灵活度很大程度上来自使用者自身的状态以及它与产品之间交互性的实现程度。

(3)理解层面。

图4-46(a,b) 新款手电灯

在这个层面上，设计的物、环境、符号带给人的情感体验来自人们的高级思维活动，是人通过对设计物上所富含的信息、内容和意味的理解与体会(特别是新的获得)而产生的情感。如图4-47是一款趣味纸杯设计，独具匠心的局部印刷，却能带给人意外的情感体验。

某些艺术设计的价值在于它们能带给人们操作的乐趣——这既是物提供给人多种可能性的乐趣，同时也是人通过对外部世界新的认知、新的体验而产生的乐趣。

图4-47 趣味纸杯

◎ 四、情感设计的法则

通过以上对艺术设计的情感的分析，将情感设计最常用的法则进行以下归纳总结。

1．感官刺激

最直接、最易于实现的情感设计就是刺激人感官的情感设计，这个层面所激发的情感也就是属于前面所论述的感官层面上的情感体验。通常而言，感官上的刺激是通过对比度、新鲜度、变化度以及饱和前的强度增加实现的。从类型上看，人类存在多少种感官，就存在多少种凭借感官刺激激发情感体验的方式，这里仅列举出最常运用的几种刺激方式：形色刺激、情色刺激、恐怖刺激、悲情刺激。这些刺激方式普遍以一定的夸张、对比作为基础。

(1)形色刺激。

形色刺激是指设计中直接利用新奇的形和色彩，以及它们的夸张、对比、变形、超写实的形式来吸引人的注意。此类设计直接利用人的感知，特别是视知觉原理，满足人们最为本能的对形的偏好和情绪体验，因此形式上它们通常鲜艳、明亮、具有精美或新奇的装饰性。如图4-48香蕉饮料，利用香蕉的形与色，带给人真实纯正的信任感。

图4-48 香蕉饮料

(2)情色刺激。

即通过设计将产品的特质或性能与性暗示混合在一起，吸引人的注意，并产生愉悦感。许多情况下，设计物的实际功能与具有暗示性、带有情色意味的"造型或者宣传广告画面中的俊男美女并无直接联系，但是煽情的造型语言或画面，使人们能迅速产生兴趣，集中注意力，并且情色刺激的设计能将由于画面产生的愉悦感与对产品的评价混合在一起，使消费者产生通感，所以有时我们会感到某些牛仔裤很"性感"或者某些巧克力很"甜蜜"。如图4-49a、图4-49b。

(3)恐怖刺激。

通过激发人的恐怖感而达到特定目的的设计。恐怖感是人类进化过程中形成的一种重要的自我保护机制，帮助人远离危险源，因此，它对于人的感官刺激非常强烈，能使人迅速集中注意力，并且能加深记忆，激起快速、强烈而持久的情感体验。设计中不乏使用恐怖刺激作为情感激发手法的例子，其目的不尽相同。

现代设计中激发恐怖情绪，是为了更有效地刺激人的感知，提高人的注意力，或者是为了满足那些寻求新奇刺激的年轻群体

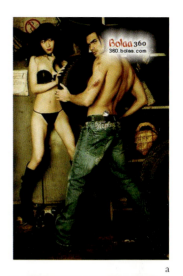

图4-50(a,b)

的独特需求。如图4-50a、图4-50b。

图4-49(a,b)

(4)悲情刺激。

以激发人的同情心为目的的情感激发方法。同情(symethy)是一种社会化的，针对他人的情感的体会和体验。同情以移情为基础，侧重于对对方感情的觉知，其中包含了情感体验和认知两种成分。如图4-51a、图4-51b。

人都有同情弱者的倾向，对于他人的不幸遭遇会产生某种"同病相怜"的嗟叹，如引发同情的刺激源与自己具有某些类似之处，这种由于同情而引发的情感还能被放大。许多公益广告都运用了此类方式，通过设计要素激发人们的同情心，使观众认知到对象的悲惨境遇，也能产生强烈的情感体验。

2．幽默感

幽默是人的一种潜在的本能，产生于人们具有复杂的认识和思维能力之前，是一种维持生理和心理平衡的机能现象，使人放松，从紧张中解脱的情感。幽默是一种复杂的情感体验，有时是

图4-51(a,b)

图4-52(a,b)

愉悦、快感和欢乐,有时是滑稽、荒诞、戏谑、嘲弄;有时则是诙谐和自嘲,是一种使人轻松和缓解压力的重要情感体验。因此许多设计人员、营销人员都认为,幽默可以提高产品、广告的说服力,更容易为人所接受。据统计,25%的电视广告使用了某种形式的幽默。具体到艺术设计中来说,体现幽默感的方式主要包括以下几类:

(1)超越常规——意外和夸张。

制造幽默感原则之一在于意外的出现,幽默不是按照期望的、逻辑的方式运行。正如哲学家叔本华所说:"笑不过是因为人们突然发现,在他所联想到的实际事物与某一概念之间缺乏意志性而导致的现象,笑恰恰是这种鲜明对比的表现。"这一观点用于解释艺术设计的造物时,发现某些超出常规的设计方式能使人产生幽默的情感,这种情感使人们暂时性地从自身设定的常规中解放出来,从而感到愉悦和压力被缓解。如图4-52a、图4-52b。

(2)童稚化。

人们发现孩子更容易发笑,因为他们不像成年人那样饱经世故,所以更容易感到意外和偏离;而成年人相反,童年的天真浪漫虽然很难重现,不大容易出现超出常规的情绪,而那些表达出童趣的设计却容易突破成年人的常规,而使他们感觉幽默可笑。尤其在现代社会的繁重压力之下,人们往往有逃避现实压力的需要,因而出现了一些童趣化的新产品或服务。设计中出现了"童稚化"的倾向,许多目标群体为青年人的设计,其造型呈现儿童产品的风格、鲜艳、轻快,这也是一种逃离现实压力,回归天真

图4-53 渐变图形/施晓君

图4-54(a,b)

童年的体现。如图4-53施晓君设计的渐变图形。

(3)荒谬与讽刺。

有时幽默来自自我荣耀和优越感,这样产生的幽默似乎更类似嘲讽,英国哲学家霍布斯说:"笑是一种突然的荣耀感,产生于自己与别人比较时高人一筹之处。"用幽默表现出来的嘲弄,即使存在恶意,也是委婉的方式。艺术设计中就常利用这种微妙

的方式表达嘲讽的情感。如图4-54a、图4-54b。

3．人格化

人格化设计，即设计师赋予设计对象与人或其他生物类似的特点，例如形态、表情、音响等。设计是有意识的创造，为了看上去更美，人们倾向于以自身或其他动物使人感觉愉悦的特征赋予它们形式，使它们呈现出类似于人的特征，这就是设计的人格

图4-55 吉祥物

化。如图4-55a至图4-55d是典型人格化的吉祥物，活泼可爱。

人格化设计来自对自然(包括人)的模仿，但它不是一种直接的、具象的模仿。为了突出设计师想要着重表现的那些人格特征，造型设计需要经过精心加工处理，如抽象和变形、夸张或简化，使设计物呈现的人格特点处于似是而非的状态。人格化设计是现代设计最常用的情感设计方式，它将设计师对于某些人性或生物的生命特征的情感体验，转化为意象，并通过特定的形式表示出来，那些具有类似体验的观看者能解读出这些情感体验，从而形成共鸣。

后现代的设计师，推崇文脉主义、隐喻主义，从历史风格中抽出设计的要素，人格化设计成为其最常用的手法。

4．合理性和效率感

理性与效率是设计现代性最重要的体现。在手工艺的时代，物所体现的理性主要在于物与人之间的配合——是否称手，以及

物的品质——是否耐用。

现代化进程中，效率感和有效性成为人对物非常重要的情感体验，而且形成了一种整体的技术美学的观念，并随着现代主义风格的流行而普及到日常生活中。法国著名设计师勒·柯布西埃就是推崇设计的理性情感体验的代表，他提倡合理的、标准化的设计，反对一切装饰，认为建筑艺术的情感应来自合理性、标准、几何与规范(图4-56)。

极端的现代主义由于过于理性、缺乏人情味的外表没能为大众完全接受，但其"合目的性"的设计理念，设计的理性精神——高效率、最简化已深入人心。各种门类的设计通过其可用性实现的程度来表示合目的性；形成了一类以表现"工具理性"为特点的设计风格，即充分体现所谓"理智感"的设计。除了产品设计之外，其他设计艺术也可能采用同样的设计方法，例如广告设计中利用理性诉求，通过严谨、准确、不带夸张成分的视觉语言，彰显商品自身的品质。

图4-56 勒·柯布西埃作品

5．符号与象征

最明确的作为符号的设计要算平面设计中的VI设计，它运用标志、标准色、标准字体等一整套的设计来象征某种意义、理念，在企业内部能促使员工形成共同的理念，增强企业的凝聚力，对外则能够传达企业的经营理念，塑造企业形象。这些符号和象征是设计师有意识用来激发情感的一种方式，也是最直接、最浅层的方式。如图4-57a至图4-57d是各种表情的隐喻。而图4-58a至图4-58c则可看出中国联通对传统吉祥符号的明显继承。

图4-57(a,b,c,d) 表情的隐喻

图4-58a

图4-58b 佛教八宝之一

图4—58c

　　除了最直接地运用符号激发情感的设计，还有一类更加隐蔽的运用符号设计激发情感的方式，就是物(包括环境)本身作为一种符号，激发人们情感的设计。社会学、人类学理论认为，人对物的消费本身就包含着所谓的符号性消费，即通过所拥有的物作为象征的符号。作为符号和象征的物，能传递消费者的身份、地位、个性、喜好、价值观和生活方式，因而，设计师为了满足人们对于符号性消费的需要而将某些物品装扮成某些意义的符号。不同的生活用具、言谈举止、居室布置如何反映人的社会身份？核心观点即："细微的品质确立了你在这个世界上的位置。"也就是说，符号化的商品——日常用品，成为人们之间的"沟通者"，承载了该物品拥有者的社会属性和文化期望，人们可以根据个体拥有物来对他的主人进行解读或进行等级、类型的划分。

本章思考与练习

一、复习要点及主要概念

创造力的基本要素，创造力的动态结构；设计与独创，意志与兴趣；设计中的审美关系，设计审美的基本特征和过程；情感的三个层次，可用性与情感，情感设计的法则。

二、问题与讨论

1. 讨论审美与情感的关系。
2. 讨论设计师的天赋。
3. 用头脑风暴法讨论"设计在于创造"。

三、思考题

1. 什么叫创造力？设计为什么离不开创造？
2. 怎样培养和激发设计师的创造力？
3. 什么叫审美活动？
4. 什么是设计中的审美主体和审美客体？
5. 简述设计审美的心理过程。
6. 什么叫情感设计？
7. 什么叫可用性设计？
8. 设计中的形态、色彩、材料与情感的关系怎样？

第5章 设计中的视觉传达与受众心理

第5章 设计中的视觉传达与受众心理

本章学习提示

本章深入介绍了设计中的视觉传达与受众心理。具体介绍了受众的需求、动机与行为;受众的态度与设计说服;消费心理和售后服务。

其中,对受众需要的体察,挖掘与引导,是设计的出发点和核心。

第一节 受众的需要动机与行为

需要、动机都是心理行为的动力因素,在心理过程中表现为驱使个体心理行为的动力,即心理过程的意(意动)。人的心理过程包括知、情、意三个组成部分,其中感知、情绪和情感是被动的心理过程,而意动则是在主体有意控制之下有目的的行为。[1]

◎ 一、需要

1. 需要理论

需要(needs)是在一定的生活条件下,有机个体或群体对客观事物的欲求。人的需要具有多样性,一般可分为生理需要(如对食物、安全、性的需要)和心理需要。前者是人得以生存的基本需要,而其他需要则与人的心理性相关。

目前影响最大的"需要"理论是马斯洛提出的需要层次理论,从低级到高级需要,将人的需要分为生理、安全、社交、尊重、自我实现等五种基本需要,他还提到了认知的需要和审美需要。低级需要包括生理需要和安全需要,其他的需要层次依次提高,其中社交需要是与人交往、被爱与爱人的需要;尊重需要是希望获得他人尊重的需要;认知的需要是指追求真理的需要,或者说也就是一般人的好奇、求知的需要;审美需要是对美和秩序的需要;最高层次的需要是自我实现(self-realization)的需要,它是指个体通过有创意的活动、工作,充分发挥自我的才智、能力,最高限度地追求真理和美感的需要。

---

[1] 柳沙:《设计艺术心理学》,北京:清华大学出版社2006年版,第158页。

图5-1 马斯洛需要层次理论

如图5-1马斯洛需要层次理论。

马斯洛提出的每个需要层次中，人们都有基本需要和更高需要，并存在逐层递增的现象。比如消费者对服装的需要从最基本的保暖需要到较高层次的尊重需要以及审美需要各不相同，许多产品都是在满足基本需要的基础上按照目标群体需要的不同而呈现不同的面貌，出现不同档次、类别、风格的设计。

2．消费者(用户)需求分析

需求不完全等同于需要，需要是一种欲求，没有得到满足的需要会产生紧张感，这种紧张感就是行动的驱动力——动机，但需求则直指目标，即主体基本明确应以什么样的方式来消除这种紧张感，是动机的具体体现和表述。例如人们感到饥饿，这表示他有进食的需要，他决定去餐馆吃饭，那么餐馆的食物就是他的需求，而他吃饭这一消费行为的动机即是满足进食的需要。

消费者需求具有含糊性、内隐性、动态性。设计的出发点首先就是确定消费者需求。消费者需求分析和确定的基本方法如下：

（1）最基本的需求获得，使用较传统的访谈、问卷、专家建议、文献检索等方法，对于需要研究的项目收集充分的资料，获得初步认知。

（2）情景交互的需求反馈，研究人员通过一定的场景描

图5-2 生理需要

图5-3 审美需要

图5-4a 个性化精神需要

图5-4b 个性化精神需要

述，配合相应的故事板(图片)，帮助被测消费者联系其日常生活的场景，对概念设计进行评价，能起到帮助用户展开联想的作用，理解更多的用户需求。

（3）需求探索，通过设计概念描述以及模型向用户说明设计细节，与他们交互，引导他们评价设计或者补充可能的需求。

（4）模型化和需求确认，这个阶段，首先开发出完整的产品模型，并通过与用户交互，不断定义需求，直到模型被所有被测试的用户所认可。这套实施方案的最初目的是为了开发软件和数字界面，设计者根据用户意见不断校正设计模型。此外，在产品设计、环境设计等领域，在真实使用情境下的模型测试，也是一种必不可少的需求研究方式。并且在以往相关的研究中，设计师发现通过用户在真实情境下的使用，能比实验室中了解更多、更真切的用户需求。

3. 消费者需要与艺术设计

(1)多层次性的消费需要。

不同层次的需要导致人们对不同产品的需要，它在某种程度上决定了需要满足的迫切性。比如生理需要、安全需要是最基本的需要，相应而言，满足这些需要的产品通常也是人们较为迫切需要的产品，而社会需要、尊重需要、认知需要、审美需要通常是在人们的生理需要得到满足之后才变得比较迫切。[①]

生理需要：衣服、食物、居住场所(图5-2)。

安全需要：报警器、防狼器、保险柜、医疗仪器。

社会需要：贺卡、手机、电话。

尊重需要：体现身份的品牌物、奢侈品。

认知需要：计算机、网络、旅游、游乐场。

审美需要：时装、工艺品(图5-3)。

自我实现的需要：电脑、游戏机、教育投资。

(2)物质需要和精神需要。

根据需要指向的对象可以分为物质需要和精神需要。物质需要是对于物质存在对象的需要；精神需要是对于概念对象的需要，例如审美、道德、情感、制度、文化、知识。用户的物质需要反映为对产品使用性能的需要，而精神需要则超出使用的层面，伴随各种情感体验，即对产品情感体验的需要。如图5-4a、

---

① 张培林、张翼：《消费分层：启动经济的一个重要试点》，《中国社会科学》2000年第1期，第52—61页。

图5-4b就是强调个性化精神需要的机箱。

物质需要是人得以生存、发展的基础，也是精神需要赖以生存的基础。物质需要同时也受到精神需要的影响，尤其在消费社会，当消费者更多地是消费物的符号意义、所代表的社会关系的时候，如何兼顾消费者的物质、精神的双重需要变得尤为重要。现代设计常将设计定位于通过物质(即设计物)提供消费者超越物质需要的精神需要，并且借助广告、促销等手段对用户强化这一定位，这使用户有时甚至无法根据产品本身的形式了解其真正的用途，或者在广告中无法找到所促销产品的形象。这样的情况下，设计师凭借产品造型、广告或者品牌形象激发用户的相应的情感体验，来满足消费者的精神需要。

根据设计所强调需要的不同，我们依次将艺术设计分为强调物质需要的设计(如图5-5a)；兼顾物质、精神需要的设计(如图5-5b)；强调精神需要的设计(如图5-5c)三种类型，其中强调物质需要的设计突出表现其使用方面的属性，而强调精神需要的设计则着重于激发用户的各类情感体验，兼顾二者的设计则在使用的基础上，也在一定程度上对用户的情感体验加以考虑。

图5-5a 强调物质需要的设计

产品设计中，那些向消费者呈现产品属性和性能线索的要素应被视为强调功能需要的设计，而那些调动、激发人们某些情感体验的要素应视为强调情感的设计，并且多数情况下，两种要素同时存在，只是孰轻孰重而已。

广告作为传达产品整体信息的重要手段，和产品的形式一样，也是帮助产品体现其侧重的不同需要层次的重要手段。

图5-5b 兼顾物质、精神需要的设计

◎ 二、动机

1. 动机与消费者动机

动机(motivation)可以被描述为个体内部存在的、迫使个体产生行为的一种驱动力。或者说个体想要做某事的内在意愿。有待满足的需要形成动机，有研究者认为个体的需要没能获得满足时表现出一种紧张的状态，从而驱使个体有意识或无意识地采用某种行为来缓解这种紧张状态。

针对"需要—动机—行为"的过程，有两种重要的理论：

一种是认知心理学中的行为理论，将人视为理性的个体，认为个体采取行动的行为，建立于思维对于认知材料以及以往所学知识的加工处理的基础上。整个过程是，消费者首先存在某种需

图5-5c 强调精神需要的设计

图5-6(a,b) 美女香车广告

要,需要使消费者产生紧张感——动机,然后采取相应的行为来缓解这种紧张感,因此认知心理学中将需要、动机统称为心理过程中的动力系统,意思就是驱动主体行为的动力。

另一种理论是精神分析学派心理学家弗洛伊德所提出的"动机理论",将动机分为"有意识"和"无意识"两种:有意识是指那些主体能够直接觉察到的动机;无意识是那些不被主体察觉的心理,也可以称为潜意识,它包括那些被压抑的、存在于记忆或观念、理念之中的信息,目前还没有但将来有可能成为意识的一部分。他认为动机有时是由潜意识所驱使的,而潜意识服从他一贯的"泛性论",其动机归结为两种,即生的本能(主要是性欲)和死的本能(包括敌对行为)。例如从他的动机理论出发,那些利用"性"或"性暗示"作为表现手段的广告,或多或少都与弗洛伊德的动机理论有所关联,特别是那些与产品本身不存在多少关联的广告,例如图5-6a、图5-6b美女香车常常一同出现在汽车广告中。但目前没有一种可接受的测量方式可用来证明这种诉求方式能对购买行为产生显著的影响力,因而有学者提出,当性与产品没有直接关系时,消费者即使较为注意这一广告,也不见得会采取相应的购买行为。

2. 消费者动机的分类

第一,根据动机对于行为的驱动作用可以分为积极和消极两种。所谓积极动机,是驱使我们朝向某个目标的驱动力。广告设计中通常在激发消费者购买动机时也是分为正、反两个方面:正面的激发通常是宣传产品对人们的积极作用,比如某化妆品能够美白营养肌肤;而反面的激发通常是夸大如果不使用这一产品可能导致的不良后果,比如满脸雀斑怎么办?皮肤衰老怎么办?请使

图5-7a 正面激发广告

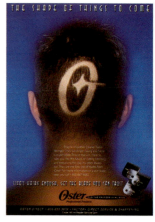

图5-7b 反面激发广告

用某化妆品。如图5-7a，是正面激发购买动机的化妆品广告，而图5-7b则属于反面激发购买动机的广告。

第二，根据动机产生需要的差异性可以将动机分为层级性的动机，与各个层级的需要一一对应，因此，这些动机也存在逐层升级的趋势，并且越底层的需要导致的紧张感越强烈，所导致的动机也就越迫切。

第三，动机还可以根据消费者采取的行为分为感性动机和理性动机。理性动机是指消费者感受到一定需要后，理性地考虑所有选择，选择那些能提供给他们最大效用的产品，如图5-8a理性动机行为的广告。感性动机是指消费者直接按照情绪和情感(喜欢、厌恶、自豪、尊重等)来选择不同的目标，如图5-8b感性动机行为的广告。

图5-8a 理性动机广告

图5-8b 感性动机广告

3．消费者动机分析

动机研究，即利用科学的方法来揭示消费者行为背后的潜在动机，动机研究涉及消费者人格、态度以及需求、内驱力等与动机直接或间接相关的各种因素。

一般而言，动机研究的目的在于发掘被试者对于设计的潜在感觉、态度和情感。定性研究是唯一能获得消费者动机的方式，并且通常需要使用间接技术，前面设计艺术心理学研究方法中曾介绍过的几种定性研究的方法都适合于动机研究。

20世纪50年代，市场营销和广告策略开始大量使用人格分析的相关方法研究消费者行为背后的心理因素，总结消费者对产品、品牌偏爱背后的理由，并提出消费者有时喜欢一件产品并不一定是喜欢这一产品能带给他们的实际好处，这一点为"情感设计"提供了理论依据。从这一观点出发，20世纪50—70年代，营销者将心理分析作为激发消费者购买动机的"救世主"，认为这是一种"以神秘的方式探测消费者深层心理的奇妙工具"，并乐观地以为掌握这一技术就能通过隐蔽的说服方式左右消费者。后来，营销人员发现这些看法有些过激，但是动机分析的作用力依然存在，并作为市场营销策略制定过程的一个部分被保留下来。

4．消费者动机激发

个体的大多数需求在大部分时间里都处于潜伏状态，即便那些能被他们所意识到的动机，也由于其需求所具有的模糊性、动态性、内隐性而使其带有类似的特征。因此对于设计师、营销人员而言，采用适当的激发方法，以外界环境刺激、唤醒或明确他们的动机非常重要。主要的激发方式包括生理唤醒，情绪、情感唤醒，认知唤醒等。

(1)生理唤醒。

通过外部环境的图像、场景、气味、音响刺激人的感官，唤醒人的生理需要，例如外部温度下降会使人感觉寒冷，唤醒他们寻求温暖的需要；蛋糕店的诱人的食品香味能刺激消费者的食欲，电视上他人吃食品时津津有味的表情、声音也能诱发人们的食欲。如图5-9a生理唤醒的广告。

图5-9a 生理唤醒的广告

(2)情绪、情感唤醒。

生理唤醒时一定伴随着特定的情绪。因此，生理唤醒就是情绪唤醒的一种途径；另一方面，带有一定意味的广告、商业环境、促销能引发人们心理性的需要。例如对美的需要，对自我实现、引起他人尊敬等的需要，反映为较高级的情感体验，也能构成人们的消费行为的动机。如图5-9b情绪、情感唤醒的广告。此外，情感唤醒时伴随着相应的情绪反映，例如希望被人注目的时候，伴随着紧张感的情绪等。

图5-9b 情绪、情感唤醒的广告

(3)认知唤醒。

设计师通过提供给消费者准确、有效的信息，引导消费者为了满足某一需要而进行理性思考，即理性动机激发，使消费者通过权衡利弊后选择所推销的产品。如图5-9c认知唤醒的广告。这种方式对于那些价格昂贵的耐用消费品或者那些竞争激烈的一般消费品最为有效。因为前者花费很高，一般消费者都会持较为谨慎、理性的态度，而不大可能仅凭情感、情绪的驱使，因此营销者应尽可能保证消费者对这一产品的充分认知。例如购买汽车时，销售商通常会很详细地将各款车辆的各种参数指标报给消费者，并鼓励他们试用产品，给他们直观的体验。

图5-9c 认知唤醒的广告

◎ 三、行为理论与消费者行为

1. 行为理论

无论认知心理学还是行为主义者都认为，消费者行为离不开"需要—动机—行为"这一基本过程，并受社会、文化、个人因素的影响。如图5-10消费行为分析框架。

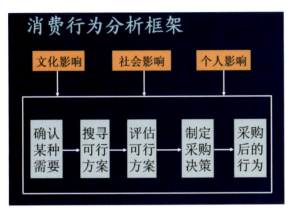

图5-10 消费行为分析框架

心理学中的行为与"学习"密切联系。心理活动(比如思维和想象)并不能产生行为，相反，它们都是环境刺激引起的行为样本，而行为完全可以通过环境因素加以解释，行为学家不需要理解行为背后的动机。①只需要理解任何有关其内部心理与行为形成联结的学习原则就可以了。人的行为是通过条件强化物不断强化(学习)而形成的习惯。如图5-11消费者购买行为模型。

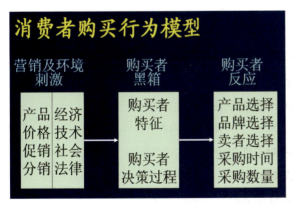

图5-11 消费者购买行为模型

---

① [美]B.F.斯金纳著，谭力海等译：《科学与人类行为》，北京：华夏出版社1989年版，第149—159页。

设计师常常利用这一强化过程中的刺激泛化的现象拓展产品种类和品牌种类。所谓刺激泛化,是指动物学习不仅依赖于重复,还依赖于个体的概括能力,当行为通过不断强化形成之后,动物还会对类似的刺激产生同一行为。根据刺激泛化的理论,我们就不难理解为什么那些效仿成功设计(产品外观、广告)而稍做修改的产品易于获得消费者的注意,并刺激消费者的购买行为。但刺激泛化也不一定只是负面的效应,从正面而言,商家可以依据这一理论生产那些成功产品的拓展产品,消费者因为认可了原有产品的形象,并倾向将原有产品的正面态度与新的拓展产品联系起来,也产生较为正面的评价。

设计心理学中的行为研究,重在研究人们对产品、服务以及对这些产品和服务进行营销活动的反应。其表现为情感反应、认知反应、行为反应。同时还借用行为心理学理论和现行研究成果,更有效地把握消费者行为规律。

第二节 受众态度与设计说服

◎ 一、态度、说服与设计说服

态度(attitude)是个人对特定对象以一定方式做出反应时所持的评价性的、较稳定的内部心理倾向。说服的目的是为了影响和改变态度;设计说服的意义在于,消费过程中无论是产品造型设计、包装设计、企业的视觉传达、广告设计或是卖场的环境设计,其核心本质之一都在于试图对潜在消费者产生正面的引导,使他们产生积极的态度,并最终引导可能的购买行为。虽然态度与消费行为不存在一一对应的关系,但实验表明态度(行为意向)与相应行为存在紧密关联。[①]积极的态度可能导致积极的行为,消极的态度则可能导致消极行为,而行为的结果也可以反作用于态度之上。

说服(persuasion),心理学将它定义为,以合理的阐述引导他人的态度或行为趋向预期的方向。设计说服,是将设计作为一种交流的语言或方式,运用设计来引导他人的态度和行为趋向预期的方向。这里的设计主要指工业设计、视觉传达设计、环境设计、服装设计艺术设计门类。工程设计、结构设计等也可能是影

---

① [美]戈登·福克赛尔、史蒂芬·布朗著,裴利芬、何润宇译:《市场营销中的消费心理学》,北京:机械工业出版社2001年版,第144页。

响物与人之间交流的重要因素，但非专业消费者难以与其结构或功能进行直接交流，其结构与功能仍需借助于造型、包装、宣传、装饰等方面进行外在的表达。在这个意义上，艺术设计以其外在表现性而更加接近于一种交流性的语言。

态度作为一种心理现象，一般包括心理过程的三个主要成分，即认知、情感和意动(图5-12)。认知是个体从态度对象和各种相关资源中获得的各种知识和知觉；情感是个体对态度对象的感情或感受；意动是个体对态度对象采取特定行为或举动的可能性或倾向性，它最接

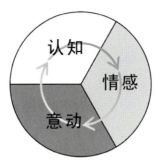

图5-12

近行为；在消费者行为和市场研究中，它经常被视为消费者购买意图的表现。心理学研究认为，态度的形成是习得的，即主体最可能基于他们所获得的信息和他们自身的认知(知识和信念)来形成态度；同样，态度改变也是习得的，它受个人经验和外来信息的影响，而个体本身的个性也会影响态度改变的可能性和速度。

结合态度三成分模型，我们认为在态度的形成过程中，认知是基础和前提，它来自外来的信息和自身经验的分析和推理；情感伴随着认知而产生，认知结果和情感将导致主体产生行为的意动，这就是态度的形成和改变的全过程。因此，认知、情感、意动是设计进行说服和交流的作用方向，有效的设计说服应从如何影响和形成积极的态度着手，通过对消费者的认知、情感等方面的影响来说服消费者产生购买意动。

◎ 二、设计说服的基本方式

设计说服的方式很多，最基本的无外乎广告和宣传。

1. 广告

(1)广告概述。

广告，即广而告之，确切的说是广告主以付费的方式，通过特定的媒体，运用相应的艺术表现形式来传达商品或劳务信息，以促进销售为目的一种大众传播活动。

广告设计，具体地说就是广告的设计表现，它以广告的视觉设计为主，是视觉设计师根据企业营销战略思想和具体的广告策略，通过图形、色彩、文字等视觉要素，将广告创意按照符合大

众的审美习惯和标准进行组合编排，创造出具有视觉感染力的广告的过程和结果。

广告像空气，包围每一个人。清新的空气，会令人心旷神怡；若是污浊的废气，会令人心里生厌。设计者要了解产品广告的一般特征，提高广告设计必须的文化修养，使人能产生良好的心理效应。

(2)广告的心理效应。

广告的目的是广而告之，让人知道产品，知道的人越多越好。广告可以使人产生一系列的心理活动，包括感性的、理性的、情感的和意志的、个体的或群体的心理反应。

①引起人的注意：广告信息的实用性一般会使人心理进入对产品感知的反应阶段。刺激人的感觉，吸引人的注意力。

②诱发人的兴趣：人们看到或听到广告，往往可以产生联想，会怀着好奇与兴趣在心理上假设，如果像广告这样，将会怎样。

③强化人的记忆：新奇有趣的广告，可以使人留下深刻的印象，甚至念念不忘，而令人生厌的广告往往也可反过来加深记忆。现代广告传播方式抓住了人们的这一心理特征，总是不厌其烦地刺激人们的感觉器官，达到了不想看也得看，不想听也得听的程度，最后终于实现了这条广告不想记也得记的目标。

④引起人的欲望：多数人都有这种感受，谁的广告轰炸力最强，谁的产品就占据了购买者的心理。广告的这种心理攻势，使用户倘若决定购买时，可能成为首选的对象，因为这种产品的广告影响实在太深了。当然，产品的广告若如雪中送炭迎合了用户的使用需要，必定引起用户的购买欲望。

⑤召唤人的行动：一旦确信了广告，就会坚定信心，立即采取购买行动。比如，一则以旧电视换新电视的广告，语重心长地告诫，如果电视超过使用时限，可能会有不良后果。人们就会立即行动，纷纷参与以旧换新的活动。

(3)广告与文化素质。

广告是艺术作品，而且是构图与语言等多门艺术综合创造的结晶，是设计者根据自己对产品的审美认识和审美理想，利用生活实践体验到的丰富素材，通过审美想象，创造出源于产品，又高于产品的艺术作品。产品广告以意蕴丰富、亲切生动的画面与语言，为人们提供审美的精神享受，并从中得到艺术的陶冶，留下对产品的美好记忆。广告创作需要设计者在审美能力、语言修养及艺术个性等方面有较高的文化素质与修养。

①审美能力。人类在长期的生产实践中逐渐确立了自我意识，进而又形成审美意识。广告是美的艺术，是宣传产品的艺术。但广告设计不是照产品本来的样子去模仿，而是按设计者的目的和愿望，创造出新的、具体的艺术形象。

广告创作首先是画面。是运用产品形象、衬景、色彩等绘画语言，通过构图、造型、色彩设计等艺术手段，在二维平面上，塑造出具有一定形象、体积、重量、质感与空间感，可诉诸视觉的形象艺术。这种二维的产品形象艺术，既是真实产品活生生的反映，又是设计者对设计活动的审美感受、审美理想、审美评价的形象体现，因而能使用户从中获得审美愉悦与艺术享受。如图5-13强调审美愉悦的广告。

图5-13 强调审美愉悦的广告

②语言修养。广告创作要设计广告用语。广告用语的作用是画龙点睛，使广告作品图文并茂，声情兼备。在电视广告中，画面一闪即逝，来不及定格与落幅。在以秒计价的有限时空范围内，广告用语既要感动用户，又要有抑扬顿挫的语言节奏抒发情怀。广告用语要高度凝炼，确实要达到一字千金，语不惊人死不休的程度。如图5-14强调广告语的广告。

构想广告用语，要求设计者应具备语言艺术的修养。第一，要博览群书，只有广阅人间的大作，才有启迪心灵的感悟；只有广泛采集片言只语，才有厚积薄发的经典佳句。第二，要学习语言。语言与文字是人类创造的，为人类所特有的交流符号。设计者擅长视觉语言，能借用图形、符号、色彩将产品描绘得极为精确；设计者为了构想广告用语，还要学习文学语言，像文学艺术家那样有意识地创造语言的含义系统，最大限度地造成语义的丰富性，使广告用语升华到言有限、意无穷的境地，使人品来总有说不尽、道不完的感觉。第三，要练习语言的开阔性与奔放性。像艺术家那样既能述古也能道今，既有形象又有抽象，既能抒情又能倾诉。第四，要追求语言的生动性与趣味性。

图5-14 强调广告语的广告

③艺术个性。广告作品要独特，就要讲究艺术创作的个性。如图5-15a、图5-15b、图5-15c强调艺术个性的广告。

(4)消费者对广告的态度。

广告究竟能引起消费者怎样的心理反应，每一个人都有自身的态度和看法。产品的设计者、生产厂家、商家也与平常人一

图5-15a 强调艺术个性的广告

图5-15b 强调艺术个性的广告

图5-15c 强调艺术个性的广告

样,对广告有相同的心理感受。设计广告时针对消费者的心理反应,重视各种反馈意见信息,才能取得更好的广告效果。

①逆反心理。

商品营销是为了获利,这是天经地义的道理。古往今来的商品交换形式使人产生一种思维定势与戒备心理。人们对广告宣传都或多或少存在着逆反心理。各种商品极大丰富,人们不再为购买而分心。于是在愈演愈烈的商品大战中,人们感到商品过剩了,因而从心理上对产品的广告宣传漠不关心。假冒伪劣的商品,更促成了人们对广告宣传的逆反心理。媒体不断披露,使人们感到防不胜防的危机时刻在身边,因而更加小心翼翼,甚至放弃购买的欲望。

②偶然接受。

尽管广告宣传的形式繁多,信息量很大,但能给人留下记忆的却不多。当消费者想购买一种商品时,可能在广告攻势较强的品牌中进行选择。而且对商品需求周期的规律也使得消费者没有必要记住广告,因而,对广告宣传大多持偶然接受的心态。

③漠然置之。

尽管广告宣传不遗余力,消耗广告人的精力与财力,但大多数人并没有过多地去注意广告并对广告做出反应。比如看电视插播广告只当成一种过场;报纸上的整版广告,并不想仔细阅读;街上巨幅广告牌匾,行人不屑一顾,只有刮风时人们才格外留神,千万别掉落下来砸了自己;塞在手中的广告宣传可能随手扔掉,或躲开散发传单的人。

④适得其反。

不管促销的手段多么巧妙,也有一些营销运作或多或少带有虚假的成分,这些已使世人产生了不介入的防范心理。如果广告宣传在人们这种心态下出现,会产生相反的效果。人们接受商品首先关注的是起码的营销规范与职业道德,如果广告宣传与营销实际出现强烈反差,会适得其反。

⑤令人生厌。

一本很受欢迎的报刊或杂志,刊载广告后,读者在心目中立即会为之惋惜,可能不再订阅。尤其学术性很强的刊物,读者需要的是科学知识,广告冲淡了学术气氛。还有极个别带有威胁性的广告宣传,企图运用危言耸听、反复说服等技巧,这种威胁性说服往往又由"专家"来宣讲,但这只是广告运作的一厢情愿,给人们带来的心理压力远远大于广告宣传的效果。

当前广告运作都以正面强攻、立体轰炸的模式，使广告犹如空气一样无孔不入。广告宣传应当冷静思考的是，尊重心理学对人的心理研究的常识，了解广告的心理效应，让广告面目一新，受到人们的欢迎。

2．其他宣传

设计说服的形式除了广告，还有专门的产品介绍样本、使用说明书、利用媒体的音像材料等。再如通过文学作品、音乐、舞蹈、首映式或新闻发布会等方式，目标都是从受众需要出发，全方位向消费者传递相应信息，无形中完成设计说服和宣传目标。

第三节　消费与消费心理

◎ 一、消费心理的基本概念

消费心理是指人们在购买、使用、消耗物质或精神产品过程中的一系列心理活动。如人们消费时的认识过程、情感过程和意志过程等心理活动的特征与规律；消费时的心理活动倾向，如求实求廉、从众趋时的心态；人们的需求动态及消费心理的变化趋势等。

营销是个人或群体通过创造和交换产品与价值来满足自身需要的过程。设计以创造出来的新的使用价值在消费者手中经历了需求、购买、使用与报废的消费过程，并完成设计成果由产品、商品、用品到废品的消费周期。消费者在消费过程与消费周期中的心理活动形成了消费心理。

了解人们的消费与消费心理，设计要思考的是如何适应消费心理，使设计更加有的放矢，满足人类活动中对物质产品与精神产品的需求。设计要体察人们的心态，才能审时度势，顺其自然地开展设计活动。

◎ 二、人的生活消费心理

生活消费包罗万象，除了生产活动消费外，人们的一切活动都属于生活消费。消费者在生活中表现的各种消费心理现象，是由社会因素和个人因素复合而成的。生活消费的不同心理既受到每个人心理活动内在因素的影响，又受到客观环境的外在影响，还受到时间、年龄等动态因素的影响。因而，设计者要从多方位、多角度研究人们的生活消费心理，为设计活动提供依据。

1. 生活消费的主动心理

(1)消费的宽松心理。

消费者在日常生活中,消费心理始终处在宽松、自由的状态。个人消费心理既无必要与哪一个群体一致,也不需接受群体观点而放弃自己的观点,不存在群体一致性的压力。消费者完全可以按自己的意志决定购买哪些商品,完全不受时间、环境等外界因素的控制。

用户把握购买的主动权,可以选择最称心的产品。由于消费品的售后服务愈来愈完善,可以试用、调试、保修,直到不满意退货,用户不必担心消费品的使用效果。因为生活消费的心理始终处在没有后顾之忧的宽松心态中。

(2)消费的主动适应心理。

生活消费过程要比生产消费简单,很多日用品的使用都无师自通。即使是自动化程度较高、技术较新的生活用品,如电视的调试、洗衣机的操作、微波炉的使用等,消费者通过阅读产品使用说明书,或者逐步摸索,也能掌握操作的方法,不必经过培训或学习。完全可以主动地适应。

2. 年龄与消费心态

人们的生活消费心态随年龄的变化而变化,消费者一生的消费心理是一个经历不同阶段的动态心理过程。

(1)少年儿童的消费心态。

按比较公认的划分方法,把15岁以下年龄段的人,划归为少年儿童。据《中国统计年鉴》于1999年公布的资料,在中国13亿人口中,约有1／4人口处于少年儿童阶段,约3亿人。

在15年的生活岁月里,少年儿童经历了从出生到上学前的婴幼儿时期、小学时期与中学时期。

在婴幼儿期间,儿童从无消费意识逐步萌发模糊的消费心理。消费方式主要以长辈的意志为转移。并开始对食物或穿戴萌发初步的需求心理。

小学阶段的少年儿童的心理需要开始变化,从物质需要向精神、文化需要过渡,少年儿童用品形成广阔的市场。如图5-16a、图5-16b充满童心的广告。初中阶段的少年儿童由于心理开始产生独立,可能出现企图摆脱家长控制的独立自主,又在经济上强烈依赖家庭的矛盾心理。不但明显表现出消费的需求心理与倾向,而且希望自己的消费心理独立。

图5-16(a,b) 充满童心的广告

少年儿童的消费心理表现出好奇与天真的特性，充满美好的幻想，他们的心理是真正的童话世界，因而对消费品的态度也充满童心，表现出感性与朦胧的特征，消费始终处在依赖的心理状态中。

(2)青年阶段消费心态。

人生的16～40岁处在时间段很长的青年阶段。由于年龄跨度大，在人口中占有较大比例。而且从经济上经历了依赖到自主的变化，因而消费心理呈现复杂的特点。

青年时代消费心理前瞻。随着年龄与知识的增长，思维品质、情操境界、情感意识等心理要素均达到人生的顶峰。思维活动极其活跃，具有挑战力。在消费心理中，富有青春浪漫的色彩，还有标新立异的时尚特征。由于知识视野开阔，消费行为有较强的理性支配。如图5-17a、图5-17b充满活力的广告。

崇尚快节奏的消费方式。青年对穿着讲究名牌，款式、色彩的追求体现出大胆、豪爽的个性。饮食消费中，讲究现代意识，追求情调；住房讲究现代化，体现超前意识；出行方式逐渐出现自购汽车的趋向，讲究出行的舒适与快捷。青年时代对衣食住行

图5-17(a,b) 充满活力的广告

的消费需要，也成为这些商品的主要顾客。如图5-18充满青春浪漫的广告，图5-19充满时尚特征的广告。

注重浪漫的消费方式。青年聚会、庆典成为一种时尚，既有

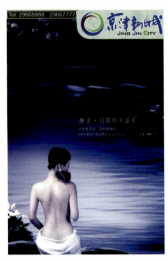

图5-18 充满青春浪漫的广告

图5-19 充满时尚特征的广告

情感的交流，尽兴的娱乐，也有追求情调的浪漫色彩。在精神文化消费中，追求形式，如送鲜花表示祝贺或慰问；读新思潮的作品，观赏新电影，购置新家具用品，浪漫的消费心理还表现在对化妆品、营养品的消费上，往往不惜重金。

(3)中年阶段的消费心态。

人生的40～65岁阶段，划归为中年阶段。这个年龄段是最稳定、最成熟的消费阶段，消费心理呈现理性状态，消费心理趋于稳重。中年消费者有丰富的生活阅历，对消费有明确的目标。经历了青年时代的消费，取得了消费的经验，对消费习惯开始反思，不再为时尚、情调、浪漫等因素所干扰。随着岁月的流逝、怀旧情绪的增长，向往有实用价值的耐用商品。在这个年龄段中，家庭事业的负担要求身体健康，开始注意用品对身体的影响。生活经验使他们知道，还是祖祖辈辈的传统生活方式及用品很有养生的科学道理：睡硬板床可以保护腰椎；枕头用稻皮、荞麦皮、橘子皮充填，有利于睡眠；一日三餐、粗茶淡饭，才不会招惹疾病；穿棉麻服装，多走路，少乘车等。身体健康的需求，使消费心理发生本质的变化。

中年处在人生最艰难的阶段，消费心理更加面对现实。为子女花费心血，为父母排忧解难。许多中年消费者将自身的消费范围缩小到保障正常生活、简单实际的程度。消费观念变得保守而坚定。

(4)老年阶段的消费心态。

65岁以上是人生的老年阶段。他们带着艰辛和业绩远离了工作岗位，从此不再为事业的竞争、子女的发展而烦恼，可以颐养天年了。但不免有"夕阳无限好，只是近黄昏"的惆怅心理感觉。生活与消费力求排除干扰，不依赖他人，消费中有较突出的个性心理。

从设计的角度关注老年人，不单是送给他们称心的物质产品，而且是借老年人怀旧的心态，共同保护中华民族文化的宝贵财富。使每一代人进入老年阶段时都这样做，不但有利于修身养性，而且使中华民族的优秀文化代代相传。

老年人既怕孤独，又求清静；盼望吉祥，向往温馨，他们需要关爱，需要尊重，尤其到了疾病缠身，子女因工作忙很难关照时，更需要有亲人般的体贴为即将熄灭的烛火遮风挡雨。在老龄化社会逐渐上升的趋势中，设计作为人类物质文明与精神文明的推动力量，应当研究老年人的消费心态，让老年人感到设计对他们的关爱。

3. 面向毕生消费心理的设计思考

20世纪80年代，意大利一位设计师提出一种新的设计思想。他认为：设计就是设计一种生活方式，因而设计没有确定性，只有可能性。设计是产品与生活之间的一种可能关系。这样的功能含义就不只是物质上的，也是文化上的、精神上的。

人的一生要经历生长、发育和衰老的几十年岁月，设计不仅要满足人一生的物质需要，还要从心理上满足精神需要，树立面向人类毕生消费心理的设计思想。[①]

(1) 为少年儿童设计清新。

设计不单向少年儿童提供消费品，用来满足物质需要，还有责任让父母懂得少年儿童的心理特征，掌握科学的养育方法，让设计与父母共同营造少年儿童成长的清新环境。

设计要为少年儿童营造清新的社会环境，就要与社会、家庭和学校共同建立抵挡不良诱惑的心理防线，为少年儿童设计健康的物质产品和精神产品。比如，新颖别致的学习用品；适合少年儿童的生活用品；精心为孩子设计学生装，让孩子们穿在身上能有自豪、幸福的心理感受，重现上一代人那种儿童是祖国花朵的感觉；为孩子们提供有益的书刊、音像制品、影视节目；用高科技手段创造科学的乐园，在玩耍中滋生对科学探索的向往；让网络世界启迪孩子们美好的心灵等。要让少年儿童和父母感到设计者的良苦用心，感到设计活动的伟大力量。

(2) 为青年设计理想。

---

① 孟昭兰：《普通心理学》，北京：北京大学出版社1994年版，第527页。

设计要根据青年的特点与心理,为他们建立展示人生价值的社会环境。比如,让他们在设计领域中,承担新产品开发的设计任务,充分发挥他们的创造能力和聪明才智,在充满风险的工作中经风雨见世面,为实现人生的理想去探索、去冒险。鼓励他们张扬个性,与众不同。让青年人在复杂多变的设计实践中,按自己的设想独立开创,设计完全可以满足青年人的物质产品消费心理。但设计还要满足青年人的精神产品消费心理。帮助青年人 实现人生的理想,是当代设计值得探讨的课题。如图5-20a、图5-20b、图5-20c强调理想和人生价值的广告。

图5-20(a,b,c) 强调理想和人生价值的广告

(3)为中年设计健康。

设计应当为中年人送来健康,帮助他们对生活方式、工作节奏做适当调整,继续开展创造性的活动。设计工作中应充分发挥中年人成熟、生活阅历丰富的优势,承担设计活动中的指导性工作,统领新生力量,承前启后。设计活动的诱惑能使中年人忘记年龄,以年轻的心态抓住实现幻想的时机,不是否定自己,而是重新建立起一种心理上的灵活性,跨越中年心理停滞的障碍,发挥特殊能力与专业特长。既然设计面临人类毕生心理发展的新问题,中年人完全可以用身在其中的人生经验、现身说法,研究怎样以设计的新思想、新对策,打开消费者心理的新局面,为人生不同年龄阶段的人,提供精神产品。让每一位中年人从自身做起,寻求身心健康。

(4)为老年设计幸福。

老龄社会趋势,产生了新的社会问题和老年心理问题。

设计要为老年人带来幸福,最大的工程是创造老年物质享受的环境，用来解决心理问题。当前，产品的开发设计偏离了人类毕生心理发展的规律——忘记了老年人。缺乏最根本的人性心理关爱，缺少那种不是父母、胜过父母的真情。现代设计提出了以人为本、人性化设计的口号，设计面向老年人的幸福确实需要有一场革命。要了解老年人的心理特点，为老年人设计幸福，弘扬中华民族伦理道德的光荣传统，开创中国的设计特色。如图5-21a、图5-21b为老年幸福公寓设计的广告。

4．产品售后的情感投入

售后服务是在产品使用阶段，从安装、调试、使用、操作、培训直到维修的整个过程中专职人员所承担的服务活动。

(1)售后服务的情感。

传统心理学把心理现象划分为三个方面，即认知、情感过程和意志。售后服务活动要以心理学情感理论为指导，把售后服务变成情感服务的过程，送给人们宽松的心境、快乐的情绪与深厚的情感，营造设计与使用的和谐关系。

第一，送来宽松的心境。

人们使用产品时都希望有良好的心境。售后服务人员热情周到，可改善生活与消费环境，这些积极因素滞留在人的心理状态之中，就形成了使用产品的良好心境。售后服务活动应不断研究人的心理状态，不断创造有利于良好心境形成的各种因素。

售后服务的活动没有止境，送上宽松的使用心境更是永恒的话题。厂家的售后服务活动还有不断完善的巨大空间，售后服务人员良好的服务是生产厂家情感的延伸。

第二，送来快乐的情绪。

情绪是情感形成的运动过程。人类的情绪靠相互调节，快乐的情绪是保持生活愉快、维持心理健康的天然机制，是人类天然的需要。售后服务活动要有助于使用者的情绪调节与情绪健康，采用积极有效的手段，帮助人们学会释放紧张的情绪。

第三，送来深厚的情感。

既然感情包括一个"感"字，又包括一个"情"字，那么售后服务就应当既能送来有良好感觉的产品，又能送来深厚的感情。产品质量的含义，已不限于产品的功能及耐用等内在质量，还包括顾客的满意程度，即情感的质量。由此可以推论：产品的质量始于人的需求，终结于使用的满意程度。

(2)售后产品信息反馈。

图5-21(a,b) 为老年幸福公寓设计的广告

怎样更快、更准、更多地收集用户对产品的意见、建议与设想，达到设计与使用心灵相通的程度，售后服务是设计贴近人们心理的重要活动，是运载群体及社会心理的信息通道。如图5-22采购后的行为。

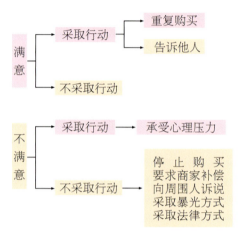

图5-22 采购后的行为

第一，产品信息反馈内容。

使用产品的主人，从感觉产品开始，进而感知产品，最后满足某种生理需求与心理需要。每个人凭借已有的生活经验与生产经验，对产品的感受是直接的、具体的：通过视觉感受产品的外观造型、色彩和谐的美的形式；通过听觉感受产品的声音；通过触觉感受操纵构件的舒适程度，进而形成对产品的总体感受。[1]对产品的使用功能、先进程度、宜人性都有客观的评价，并产生意识、情绪、情感等深层的心理反映。对于设计者与生产厂家来说，是最宝贵的产品信息。

第二，产品信息反馈的意义。

信息无形，因而难以捕捉；信息无价，因而令人仰慕；信息无情，因而事关成败。尽管信息技术高度发达，但信息从来不会自动进入信息通道，不能自动传播。人是信息的制造者，但不一定是信息的受益者。人世间常有"说者无心、听者有意"的生活现象，但听者往往受说者的启发，顿开茅塞，成就了事业，而说者却是信息的无偿提供者。

缺乏对产品的信息反馈就好比少了开发依据的半壁河山。因

---

[1] 任立升编著：《设计心理学》，北京：化学工业出版社2005年版，第214页。

为参与产品开发的群体远不如百姓大众那种对产品细微的、反复的心理感受，产品开发者永远逊色于使用者如数家珍的洞察能力与丝丝入扣的心理感应能力。

第三，怎样畅通信息反馈的通道。

延伸习得行为，猎取信息。心理学告诉人们：人和动物的行为有两类，一类是本能行为，如鸭子会游水，婴儿会吸奶是生来就有的，传统的设计酷似这种本能行为。人和动物还有另一类是习得行为，即在后天环境中通过学习而获得的个体经验。最大限度地收集方方面面对产品的反馈信息，是摆脱本能行为，走向习得行为，创造习得行为设计模式的有效途径。

延伸信息触觉，丰富信息。对设计的情报信息部门进行改造，不限于国内外同行业，同产品信息的收集与探索，将信息触觉延伸到生活与生产实践活动中。

(3)延伸心理感应，升华信息。

由产品引发的情感与情思、意识与意境是抽象的、心理的思维活动，谁也不能绘声绘色地表述清楚。这就要求信息探求人员善于运用心理学的研究方法，通过人们的表情与动作，感知他人的心理。比如，高档轿车的司机，从装束、表情、举止到言谈，处处都有展示身份、力求身份与轿车档次均衡的心理。摩登女孩驶车，从车身色彩、车牌号码都十分考究，与众不同。为了让人看到自己，要卸去车篷，在路人各种目光中款款而行，是一种桀骜不驯的心理。如图5-23敞篷车。

心理学研究表明，人们对令人激动的事物无言无声，但不能认为他们没有内在感受。设计要走进生活，设计美好，就要心贴大众，感应心灵，升华获取的信息，于平淡之中觅神奇，在空白的纸上描绘蓝图。

图5-23a 敞篷车　　　　　　　　　　a　　　　　　　　　　　　b　　　　　　　　　　c

本章思考与练习

一、复习要点及主要概念

需要和马斯洛需要理论，消费者动机和行为，受众态度，设计说服，广告心理效应，消费者购买决策，生活消费，售后情感。

二、问题与讨论

1．讨论当今主流媒体有哪些？十年后的最主流媒体有哪些？今年将会有什么新媒体出现？
2．艺术设计如何激发消费者的购买行为？

三、思考题

1．观察老年人使用电话的操作过程，分析这一操作过程中老年人的基本操作能力。
2．试分析广告语在消费者购买过程中的应用。
3．什么是设计说服？
4．需要与需求的区别与联系有哪些？
5．什么叫消费者动机和消费者行为？
6．什么叫广告，什么叫宣传？
7．为什么要注意产品售后的情感投入？

第6章 设计中的产品创造心理

第6章 设计中的产品创造心理

a

b

图6-1(a,b) 创意新颖的水龙头设计

本章学习提示

本章系统介绍了工业设计中的产品创造心理,其中重点是让学生培养和掌握可用性设计的基本原则和实施流程;在人机界面中充分考虑和认证用户出错的容错性;而在外在形态创造中尊重文化、语义、符号与隐喻等各方面的原则。

第一节 工业设计与产品创造

工业设计是指就批量生产的工业产品而言,凭借训练、技术知识、经验及视觉感受而赋予材料、结构、构造、形态、色彩、表面加工以及装饰以新的品质和规格。

产品创新既是设计的目的又是设计的手段,并在设计活动中处于核心地位。创新为工业设计注入了新的生命力,在市场竞争日趋激烈的今天,设计的创造力成为企业取得竞争优势的重要条件之一。创造心理是设计心理的重要组成部分,是研究设计创新、拓宽设计思路的重要突破领域。把握产品创意心理、突破设计思维对于工业设计而言具有较为深远的意义和作用。如图6-1a、图6-1b,创意新颖的水龙头设计。

◎ 一、创造与需要

I. 行为满足(行为水平的设计)

美国认知心理学家唐纳德·A.诺曼先生将设计分为三类:本能层(visceral)设计、行为层(behavior)设计、反思层(refleclive)设计。前两种层面上的设计主要是针对工业产品设计而言,"优秀的行为水平的设计应该是以人为中心的,把重点放在理解和满足使用产品的人的需要上"。当然,行为水平的设计主要是针对在操作过程中的产品的功效性,即操作的功能和操作效率。设计师应该清楚怎样才能达到预期目的。就行为满足而言,安全性是前提,实用性是基础。

(1)设计的安全性。

安全性是操作的基础,设计的安全性是其经济性、可靠性、操作性和先进性的综合反映，是设计实现其经济目的的前提条件。产品如果存在安全隐患，就会直接危及产品的使用者，对人构成伤害或存在伤害可能的产品都是不符合设计原则的。如图6-2a、图6-2b是强调安全性的烟灰缸设计。

图6-2(a,b)　强调安全性的烟灰缸

(2)设计的实用性。

设计应当符合人类不同实际活动的需要，为人们提供舒适方便的使用环境，保证使用目的的实现并不会引起歧义。

设计应最大限度满足不同层面使用者的共同要求，产品应该尽最大可能面向所有的使用者，而不该为一些特殊的情况做出较为勉强的迁就，这是设计的通用性。通用设计是一种包容性设计。如图6-3a、图6-3b、图6-3c是典型强调实用功能的座椅设计。

图6-3(a,b,c)　强调实用的座椅

2．技术进步与创新

技术进步是工业设计发展的前提和基础，就产品设计而言，科技的发展促使产品不断更新换代，提高了人们的审美观念，同时也极大地改变了设计手段和设计程序，使设计观念发生革命性的转变。计算机的诞生标志着产品设计进入全新时代，并行的设计系统结构应运而生，设计、价值工程分析与制造的三位一体化，使设计师的道德意识、团队意识及知识结构都面临新的挑

战。技术进步必然牵动产品设计的创新，并大致分为以下三种类型：[1]

(1)全新产品，称为原创型设计。

全新产品的开发主要是针对设计概念的开发和技术研发。这种产品设计开发周期较长，承担的风险也较大，但新产品研发的成功也会伴随巨大的经济效益而开辟出一个全新的市场领域。科技进步是促使新产品出现、老产品退出历史舞台的最终决定因素。如图6-4设计精巧的"大气层"风扇，是一款全新的产品。

图6-4 巧妙的"大气层"风扇 /Aless

(2)改良产品，也叫次生型设计创新。

这是一种纵向发展模式，目的是使产品克服既存问题，趋于性能完整和完善。这种改良设计是建立在原有产品被受众认可的优良功能基础之上的，主要目的是为了解决用户反馈的问题。如图6-5次生型设计的水壶。

图6-5 次生型设计

(3)产品的联盟与合并。

这是一种横向联合的过程，通过设计和制造系统的整合达到创建新产品的目的。经济的全球化必然带来企业生产和制造机制的改变，效益、效率，市场份额在遍布全球的各分散点的合力。如图6-6a、图6-6b属于联盟合并型产品。

图6-6(a,b) 联盟合并设计

3．流行、从众与创新

流行是指一个时期内在社会上流传很广、盛行一时的大众心理现象和社会行为。流行现象是设计心理学研究的重要内容之一。流行与市场及文化等紧密相连，成为设计师构思的必需渠道。

流行是多个社会成员对某一事物的崇尚和追求，所以流行具有群体性，但它却是一种以个人方式展现的社会群体心理，因此也具有个体性。

新奇性是流行三大特征的首要特征，也是最显著、最核心的特征。设计师通过创造反映时代特色的新奇来满足人们的求异心

---

[1] 张成忠、吕屏主编：《设计心理学》，北京：北京大学出版社2007年版，第147页。

理。如图6-7a、图6-7b追求新奇的产品设计。

图6-7(a,b)　新奇的流行设计

设计创作的出发点，是对受众求新、求异心理的捕捉。设计具有极强的社会属性，设计活动需要服从于社会机制。流行的强烈的暗示性和感染性会将群体的引导性或压力施加在个人的观念与行为上。使个人向多数人的行为方向变化，从而产生相一致的消费倾向。这种从众心理带来的直接后果就是从众消费行为。

设计师应该具备获取并及时调整和引导流行诱因的能力，对公众的求异心理及行为倾向进行深度剖析，及时捕捉创新元素，并借助于一定的传播媒介引导公众共同创造流行。如图6-8a、图6-8b造型、纹样轻松可爱的流行性设计。

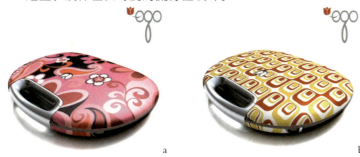

图6-8(a,b)　轻巧的流行设计

设计往往具有独特的情趣和审美倾向，有时甚至是诙谐的、幽默的。也许这就是设计存在风格的本质条件，它深深地打上了设计师、设计环境、设计国度的烙印。这种异己的特质有可能深深地打动观者，使之在情绪上做出反应。如图6-9a、图6-9b诙谐、幽默的另类设计。

◎ 二、符号与隐喻

1．隐喻

"隐喻"(metaphor)本出自希腊语，第一个明确谈及"隐喻"的是古希腊的亚里士多德，恩斯特卡西尔发展了对隐喻的理

图6-9(a,b)　诙谐、幽默的另类设计

图6-10 想象与隐喻

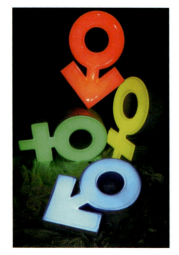

图6-11 符号想象与隐喻

图6-12 外延意指的想象与隐喻

解,指出隐喻包含着一种创造的意蕴,是一种意义生成过程。隐喻成为被重新认知的另一种思维方式,"由此及彼、由表及里地描绘未知事物;新的关系、新的事物、新的观念、新的语言表达方式由此而来"。隐喻是一种内在真实体验的表达,设计中的隐喻穿过表面具象形态,直接指向深层内涵。如图6-10想象与隐喻。

心理学隐喻的存在并非偶然。精确性、客观性和明确性的逻辑思维和科技理性一直统治着心理学科学的发展,然而心理学不仅仅只停留在可感知的心理现象层面上,隐喻与符号已是不可忽视的心理学研究对象。

产品外延意指产品表达其使用机能时所借助的形态原则或事物,是直观的、理性的、具有确定性的外显式信息。符号的外延即符号与其代表、指示的事物之间的关系。在产品设计的过程中,设计者常以产品使用机能性为依据,运用某些与该机能相关的形态或事物,使作为符号载体的产品所指示的功能具体化、物质化,直观地表明设计的显性含义,直接说明设计的具象信息。如图6-11符号外形想象与隐喻。

与产品外延意指相对,产品内涵意指产品作为一种信息的载体,在表达其物质机能的同时,亦在一定时间、地域、场合条件下,对解码者呈现出一定的属性和意义。在符号系统中,符合内涵是精神的法则、规律,思维上认知、联想的一部分。产品设计中,常以编码者传播、解码者认知的需求赋予产品特定的属性。内涵意指传递的是一种感性的、具有不确定性的信息,需要通过人类特有的认知系统来发掘其超出具象物质内容的信息。它是一种"弦外之音",需要参观者的主观精神参与,但由于个体存在主观能动性的差异,因此,内涵意指就具有了无限性、开放性和动态性的特点,也就是我们通常所说的"只可意会,不可言传"。如图6-12外延意指的想象与隐喻。

现代设计中,形态设计要素不仅具有外显性,其内隐性,即内涵性意义更成为现代设计追逐的精神品质。设计体验诠释着观赏者和使用者的自我形象、社会地位,其深层感悟往往标志着一定的社会意义及历史文化。显而易见,这种"意义创造"就是对事物另外视角的深层次的观察、理解和探求,就是对设计产物的情感属性的深度剖析,寓情于物,在消费者中引起思想和情感的共鸣。如图6-13丹麦设计师雅阁布森设计的蛋形椅和蚂蚁椅都是

第6章 设计中的产品创造心理

图6-13(a,b) 丹麦座椅设计经典欣赏

经典的隐喻性设计。

隐喻是一种内在真实体验的表达，尽管这种表达不像逻辑语言般清晰明朗，但它是人类表达心声、释放灵魂、创造物质世界的根基和直接动因之一，所以，隐喻必然具有人类的另一属性特征——社会性。如果我们把以上关于隐喻中的情感体验作为个体的情感特征来阐述，那么隐喻的社会性即表明人类的共同社会性质，其社会性亦成为设计的成因之一，也就是说，设计在某一层面上反映了当代社会现状。

2．文化情结

创造在心理学中被视为一种心理活动，是对问题情境的思考萌生过程的阐释。创造离不开思维，离不开思维主体——人。创造与人的独立性息息相关，人的性格、智力、意志等都将深刻影响人的创造机制。心理学的文化因素是人性特质形成和创造行为的决定因素之一。

设计本身就是一种文化，同时也创造着新的文化。设计师通过其自身的创造活动——设计，将文化特性具象化、实体化。文化是设计的灵魂，是设计的隐性语言之一，优秀的设计总是体现着文化精神，民族、地域的文化特色成为设计师创意的源泉。设计师所从事的设计行为是一种文化创造行为，文化与设计关系的紧密程度好像是"根与植物"的关系。通常优秀的设计作品不仅具有简单明了的外在形式，而且一定蕴含了深层的文化内涵。如图6-14是意大利设计师埃托·索托萨斯的作品，体现出意大利文化的自由和多元。

图6-14 意大利经典作品欣赏

图6-15 倡导生活方式的经典榨汁机

设计的实质是创造一种更健康、更崭新的生活方式，是一个将抽象概念转化为具象美感实物的过程。在理念物化的过程中，设计师的文化背景深刻地影响着设计行为，也直接影响到设计元素的组合架构。如图6-15是一款倡导全新生活方式的经典榨汁机。毋庸置疑，很多设计作品的产生都是由于设计师的情感和灵魂被伟大的民族文化所深深吸引和震撼，进而将这种对文化的依附情感通过设计符号传达给最终的设计享用者。文化承载着设计师的文化情结，并通过设计符号完成传递过程。中华民族特有的传统文化是我们开发现代文化和现代设计的巨大资源和宝贵财富。

工业设计师需要真正理解和消化我们的传统艺术，追根溯源地把握传统文化的精神内核，并将其融入到我们的产品设计之中，在重新整合的基础上注入新的形态艺术元素，以创造出更具民族精神和美感的设计作品来。一件产品如果要更贴切地反映时代或引领时尚，必须以传统文化为源点，清晰了解其来龙去脉，并预测其趋势走向。民族文化为设计提供丰富的源泉，从民族文化中撷取创意元素定会给用户带来意外的惊喜。如图6-16a、图6-16b就是传统设计中非常经典的长信宫灯，设计中将造型、功能和环保因素系统考虑，值得我们很好地学习和借鉴。

图6-16a 汉长信宫灯

图6-16b 汉长信宫灯局部

◎ 三、创造与潜意识

人脑接收信息分为有意识和无意识两种方式，两者都是心理智能活动。有意识地接收是指有知觉地接受外在刺激并获取信息，无意识地接收则是指无知觉的情况下对信息的获取。潜意识是"隐藏在人的大脑深层的各种奇妙的心理智能活动"，是人类具备但却似乎忘记了的自身能力，换句话说，是未被开发和利用的能力。

潜意识思维主要指的是直觉思维和灵感思维。

灵感是一种奇妙的、具有强大创造力的心理现象，同时具有强大的探索和开发功能。激发灵感首先需要构建、丰富并完善自己的信息系统，积累知识和生活经验作为信息储备。这是灵感产生的基础。构建自己的知识体系和信息结构对设计师来说是至关重要的，这不仅涉及灵感的产生、创意的爆发，还关系到设计能力、技巧和个人品格的完善。如图6-17a、图6-17b是日本设计师五十岚威畅的作品，有效利用了字母的对称结构，只创作一半显形元素，而另一半则借助反射材料的特性让观者去再创造。

信息、源文化统称为"现有素材"。敏锐的观察力、执著的思索、平时的关注在大脑里早已进行分解、整合、重组，成为了一种潜意识，是奇珍异宝。一旦开始设计时，它们就会源源不断地被激发出来，厚积薄发，成为属于设计师自己的宝贵财富。

a

b

图6-17(a,b) 日本设计师五十岚威畅的作品

第二节 可用性设计

研究设计心理学的重要目的之一在于运用各心理学分支的一般知识，提高设计的合目的性，这种合目的性最集中体现于设计的可用性上。可用性设计就是以提高产品的可用性为核心的设计，它是设计心理学运用于设计实践中、指导设计的一个重要组成部分。可用性设计也可以理解为一种"以用户为核心的设计"，因而，可用性设计包括两个重要的方面，一方面是以目标用户心理研究(用户模型、用户需求、使用流程等)为核心的可用性测试；另一个方面就是将认知心理学、人机工程学、工业心理学等学科的基本原理灵活运用于设计为中心。如图6-18是充分考虑产品可用性又能满足幼儿心理的可爱的座便器。

图6-18

◎ 一、用户与目标用户

用户(user)是产品的使用者，拓展到整个艺术设计的范围

内，还包括环境的使用者、网页信息的受众等。用户不一定是产品的购买者，许多产品并不直接针对用户出售，例如儿童产品，而大型公司的购买者是专门的采购部门。可用性工程及可用性设计都主要针对设计的直接使用者。当购买者与使用者不一致时，购买者对产品关注较多的部分可能是美观、价格、包装、品牌效应等，而非与产品本身使用相关的各种属性。

目标用户(intendeduser)也可以称为典型用户，是指产品设计开发阶段中，生产者或设计者预期该产品的使用者。可用性研究的目的是辅助设计，提高产品的可用性。而在设计开发这一阶段中，可能还没有真正意义上的用户，因此，可用性研究所涉及的对象常常是预期将要使用该产品的人。如图6-19a、图6-19b、图6-19c是一款可携带小孩的多功能旅行箱，其目标用户是爱好旅行的年轻父母。

图6-19(a,b,c)　多功能旅行箱

确定目标用户是进行可用性研究的第一步，也是建立用户模型的必要条件。虽然设计师可以在一定范围内通过提高产品的灵活性、兼容性等通用指标以扩大产品适用范围，但众口难调，没有任何产品能适合所有用户，因而只有首先明确定义"为谁设计"，才可能设计出最适宜这一群体的产品。

◎ 二、可用性的界定

可用性(usability)是目前国际上较为公认的衡量产品在使用方面所能满足用户身心需要的程度的量度，是产品设计质量的重要指标。大致包括两个方面：第一，对于新手和一般用户而言，学习使用产品的容易程度；第二，对于那些精通的、熟练的用户，当他们掌握使用方式后使用的容易程度。

可用性包括效率、容错性、有效性等方面的指标。根据国际可用性职业联合会的定义，可用性是指软件、硬件或其他任何产品对于使用它的人适合以及易于使用的程度。它是产品的质量或特性；是对于使用者而言产品的有效性、效率和满意度；是可用性工程师开发出来用以帮助创造适用的产品一整套技术的总称；是"以用户为中心设计"作为核心而开发产品的一整套流程或方法的简称。

可用性最初源于一种设计哲学，即设计应满足用户的需要，并获得更好的用户体验，但它也是一种以达到可用目标为目的的具体过程和方法论。可用性工程实施的起点在于观察用户如何使用产品，理解用户目的和需要，选择最适当的技术解决这些问题。如图6-20a、图6-20b是一款很简易但非常实用、通用的小型电器充电支架。

可用性界面有多项要素：易理解性，效率，可记忆性，容错性和满意度，用户能有效地与一个产品进行互动。

后来的研究逐渐将可用性的概念加以丰富和拓展，可用性的内容得到延伸。

◎ 三、可用性工程

1. 可用性工程简介

可用性工程(Usability Engineening)是一门在产品开发过程中，通过结构化的方法提高交互性产品可用性的新兴学科，这门学科建立于认知心理学、实验心理学、人类学和软件工程学等学科的基础上。可用性工程萌芽于20世纪70年代，1985年高德(Gould)和李维斯(Lewis)首先发表关于可用性工程方法的论文，他们认为可用性工程的研究方法包括三个目标：先期聚焦用户和任务、实验测试、交互设计。高德和李维斯的提法在当时是极具前瞻性的。在他们研究的基础上，其他学者纷纷提出各自的可用性工程研究框架模型。

图6-20(a,b) 实用小型电器充电支架

1996年，巴顿(Btuuon)和道瑞什(Doudsh)提出，可用性工程对于产品开发组织而言包括三个方面的内容：

(1)在设计团队中任用认知科学家以对设计提供建议。

(2)在现有的开发流程中增加可用性工程的方法和技术。

(3)围绕可用性专家、方法和技术重新设计整个开发流程。

2. 可用性工程的应用

可用性设计的产生是网络技术、数字技术、信息技术发展的必然结果。这些复杂的技术提供给人们越来越大的可能性，基于这些技术的产品,不论是软件还是硬件都日趋复杂、系统庞大,有时不仅不符合人的身心特征,甚至与人性趋向背离。尤其,以往设计重技术创新而忽视人生理、心理特征的倾向,导致多数产品存在着程度不同的可用性问题。20世纪80年代以来,可用性设计的理念以及可用性测试方法随着交互界面类产品研发的发展而在全球范围内迅速推广开来,最初主要是在美国和欧洲国家的一些大企业。目前,这些企业都已建立了人员规模从几十人到几百人不等的产品可用性部门,例如,IBM、微软、诺基亚、西门子等公司,一般具有十几年甚至更长时间的运行历史。此外,欧美的大多数公司都有可用性研究专业人员,并且还出现了一批独立的可用性设计公司及专业咨询机构,仅美国一个城市就有超过50家的用户界面设计或可用性评估公司。

中国的可用性设计发展相对迟缓,直到20世纪90年代才由各跨国大公司将这一理念和技术传到中国。西门子(中国)有限公司率先建立中国内陆第一个可用性实验室,2001年成立的北京伊飒尔界面设计公司是中国第一家专门从事产品可用性测试评估的公司;2002年初联想研究院成立了用户研究中心,这是中国企业设立的第一个可用性研究实验室。

3. 可用性工程实施流程

可用性工程实施流程从整体而言包括三个方面:需求分析;设计、测试、开发;安装(使用与反馈)。如图6-21至图6-24是一款座椅设计开发的全过程。

(1)用户需求分析。

图6-21 一款活动座椅的初步草图　图6-22 对该座椅方案各种折叠方式和形态、功能的认证

图6-23(a,b,c,d,e) 对该座椅样品各局部结构、材料、应力等方面的测试与认证

图6-24(a,b) 该座椅最终完成作品

用户需求分析是可用性工程实施流程的第一步，也是进行可用性设计的准备阶段，它通过定义用户类别和特征，为整个产品设计提供必要的设计决策依据。这一部分包括五个步骤：

第一步：建立用户模型，即通过对目标用户群体的研究，描述与设计目标相关用户的基本特征，包括用户生理特征、职业特征、知识和经验背景、心理特征等。用户模型建立的依据通常来自问卷统计。

第二步：任务流程分析，即研究用户使用产品中的各项任务、工作流程模式，通过建立工作流程以及子任务分解，还可以帮助设计人员了解用户的潜在需求。例如，作者在对DVD使用流程分析中，发现许多用户有忘记取出机内光盘的可能，这即是一个可能的改进点，设计师也许可以提供用户提示取出光盘或者在关机时自动退出光盘的设计。

第三步：可用性目标制定，将前面研究所获得的信息加以归纳整理，并提出质量标准和数量标准，例如错误率不应高出的百分比，满意度最低指标等，这些目标将作为之后进行可用性评价的衡量标准。

第四步：调查外界环境要求和产品兼容性要求，研究产品使用的具体物理环境、技术平台和所需要的外界客观条件。例如针对家用电器，需要调查具体摆放位置，物理环境要求(温度、湿度、光线、声音等)，软件则需要调查使用的硬件配置要求以及软件平台的兼容性，网站设计则还需要调查一般的网络速度、收费等。

第五步：通用设计原则，在这一准备阶段，设计团队还需要调查和整理相关的设计原则和规范，为设计提供原理支持和理论依据。

(2)设计、测试开发。

这是可用性工程流程中最重要的一个阶段,也是与艺术设计结合最为紧密的部分,在这个过程中,设计团队(包括艺术设计师)通过科学、系统的可用性研究和测试,将设计与心理学、人机工程学、认知科学、思维科学及设计美学结合在一起,各个领域的专家共同进行产品的设计、修改和完善。有时是专门的心理学家或人机工程师主持可用性工程,有时则是精通设计心理学及可用性设计原理的设计师身兼两职,自觉在设计中运用相关知识、方法进行设计。如图6-21是一款活动座椅的初步草图。

可用性流程中的设计、测试、开发阶段是一个反复设计、测试、修改的循环过程,产品图纸、模型被不断以测试的方式与用户需求和可用性规则、原理相对照,并通过及时的对应修正最终获得较为满意的产品。

这个过程看似规范而理性,似乎与艺术设计的自由想象格格不入,但从本质上看,每个阶段的方案调整最终还需要设计师的灵感和创意激发,而用户测试、各种原则和规范为他们的创意提供了必要的材料、素材以及索引相应知识记忆的线索。

(3)安装(使用与反馈)。

这个步骤在整个可用性工程实施流程中发挥检验、调整和维护的作用,它可以为未来的产品升级提供依据,还能为那些针对同一用户群体所开发的产品提供必要信息,为未来的设计开发积累经验教训。后面章节中所介绍的可用性设计的一般准则,很多就是来自以往产品使用后所获得的反馈以及对现有产品的可用性测试。这里需要强调的是,对于产品的可用性最具发言权的并非可用性专家,而是用户,因此,来自他们的意见最可靠、最准确。

收集用户反馈的时期可长可短,一个使用频率比较高的产品一般3~4个月后,用户基本已经成为使用熟手,此时就可开始收集用户反馈;而那些使用频率不高,例如大型工具、大型耐用消费品,可以等候更长时间再组织收集反馈。收集用户反馈的方式主要包括用户访谈、焦点小组、问卷、可用性测试等。

如图6-22是对该座椅方案各种折叠方式和形态、功能的认证。

4. 可用性测试

可用性测试(usability Inspection)即通过对设计,包括图纸、产品原型(prototype)或最终产品的评价，为改进产品设计提供必要的依据，减少设计漏洞，并且检验产品是否符合预先设定的可用性目标和要求，它是可用性工程整体流程中的一部分。如图6-23a、图6-23b、图6-23c、图6-23d、图6-23e是对该座椅样品各局部结构、材料、应力等各方面的测试与认证。

可用性测试的目的在于告诉设计师，用户是否能更快、更好、更准确地使用产品，因此要将可用性测试作为产品设计开发的必要流程。

预先进行的可用性测试能有效避免大批量生产所可能导致的巨额经济损失，并且通过对竞争产品的可用性分析，能弥补现有产品存在的缺陷和不足，提供超出竞争性产品的设计。

可用性测试通常在可用性实验室内进行。测试过程中，用户在实验室中使用产品模型或者数字界面的测试版本，按照预先设计的流程完成各项子任务，通常他们被要求说出自己在使用中的感受，其行为能通过双面镜以及摄像机传递给测试者以供研究者分析。此外，那些用户在计算机上所做的操作也能通过网络传到测试室内的监控器上作为重要的研究材料。可用性测试最终的结果包括以下几个部分：

第一个部分是最客观的，即被试所出的错误有哪些，并且根据被试犯错误的累积，可以发现最核心和最容易发生的错误有哪些；第二个部分是用户的口语报告，包括对测试对象正面和负面的评价，这个部分是一些非结构性的、零碎的信息，虽然非常重要，但信息量过大，难以分析；第三个部分是在测试前后用户所填写的问卷，可以作为整个测试的参考；第四个部分是视频资料，通过录像和观察，研究者能发现用户情绪、注意力等方面的变化。研究表明，有经验的测试人员，如认知心理学家或人因学专家，通常可以在测试中发现比一般测试人员更多的信息和资料。图6-24是该座椅方案经可用性测试、调整后的最终完成作品。

可用性测试实验室是进行测试的特定场所，以微软公司的可行性研究实验室为例，微软公司共有25个可用性实验室，典型的可用性实验室分为两个部分，观察端和参与者端；可用性工程师在观察端进行观测，参与测试的用户被安置在被测试端，两个部分用隔音墙和一块单向镜隔开。

以上所有的可用性研究方法各有侧重，因此在一个完整的可用性工程周期中常会根据目标需求,在不同阶段分别运用不同的方法。

◎ 四、设计的可用性

可用性工程的核心部分是可用性设计——以用户为中心的设计(UCD),它贯穿于整个产品生命周期的始终,包括从需求分析、可用性问题分析到设计方案的开发、选择和测试评估等。从设计艺术的角度而言,可用性设计是"可用性"理念在设计艺术中的体现,也是可用性工程作为一整套工具与方法在设计中的运用,是设计艺术中"合理性"要素的集中体现。

1. 产品设计中的可用性

(1)无障碍设计与易用设计。

障碍是指一切由于先天遗传、后天事故、疾病以及其他特殊情况所造成人的生理或精神方面的能力不足。障碍包括残障,但也包含其他非残障而造成的能力不足,例如语言差异所带来的沟通不便,或者由于身体尺度超出常人等。无障碍设计最初是指通过工具、设施或技术手段,为残障人士提供方便。无障碍设计问题的提出是在20世纪初,由于人道主义的呼唤,当时建筑学界产生了一种新的建筑设计方法——无障碍设计,它的出现,旨在运用现代技术改进环境,为广大老年人、残疾人、妇女、儿童等提供行动方便和安全的空间,创造平等参与的生存环境。如图6-25a、图6-25b是意大利设计大师科拉尼设计的两款优美和易用性鼠标。

图6-25a

图6-25b

(2)自动化设计与智能化设计。

自动化设计是指用机械、电子、数字等方式完成以往需要人来执行的工作的设计。在工业生产方面,自动化设计主要用于在相同情境下用户持续执行某项定义良好的任务的情况。它的用途主要有:代替因人的某些局限而无法执行的任务;节约成本、扩大工作绩效、拓展人的能力、减少人的工作负荷。

自动化是数字、网络、人工智能等技术发展的必然,也是使产品(工具)具有更高可用性的必然,是可用性设计中一个重要的组成部分。但实施中还应综合考虑自动化与文化、习俗、仪式、符号等方面的矛盾冲突,综合实现自动化设计。

(3)通用设计。

有些情况下,为了提高某些设计的可用性,需要采用通用设计性和兼容性设计。这种通用设计建立于对用户的生理、心理状况的充分了解以及巧妙的构思之上，设计师应该关怀消费者的需要，"最好的产品就是能够包容各种差异性的产品和设计"①。如图6-26很广泛通用性的收线器。

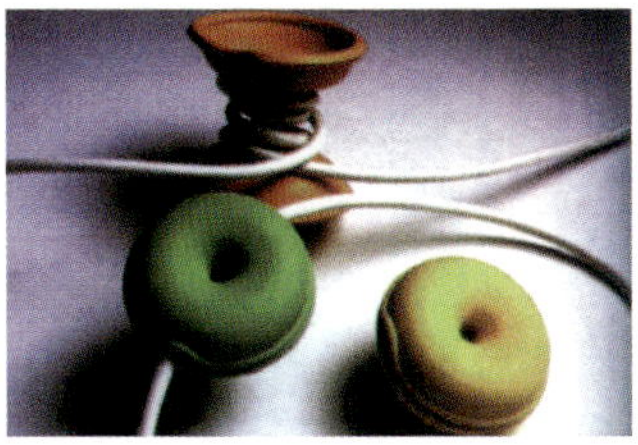

图6-26 通用收线器

首先，通用设计是一种国际性的设计，是指使用上能满足大多数用户需求的设计。其次，通用设计还反映为兼容性设计，即设备或软件具有在超过一个硬件平台或操作系统中使用的能力，兼容性一方面对于那些针对"大市场"的设备或软件格外重要，例如可跨平台使用的软件；另一方面还是衡量那些非终端产品的组件的可用性的重要指标。最后，通用设计是一种灵活的设计，它允许用户根据各自需要选择不同的使用方式；或者在使用中，它能按照用户条件、使用方式、习惯以及使用目的加以调节。

2. 数字产品界面的可用性

网页、软件、多媒体音像等数字产品是崭新而重要的产品门类，由于这些产品界面没有具体的物理形态，属于非物质设计；它们能作为客观现实而存在，并与用户发生交互的唯一途径就是由一种以上媒体信息(图像、声音、字幕)组成的界面，因此这些产品中的艺术设计主要体现在其界面设计上。它们的界面设计，既是一个内部功能合理外显于用户，使其能正确理解和使用的过程，也是一个加以美化使其更加符合人的情感需要的过程。如图6-27强调数字界面的人性化设计。

图6-27 强调数字界面的人性化设计

数字界面也可根据其使用目的分为三类：第一类的主要功能在于快速、有效、低误差地执行特定任务，可称为"作业型数字界面"；第二类是那些以信息检索、提取和收集为主要目的界面，它的可用性在于帮助用户有效、迅速、轻松地在大量信息流中过滤垃圾信息，提取有用的资料，其"导航"的有效性尤为重要，称为"信息型数字界面"；第三类则可称为"娱乐型数字界面"，为用户提供娱乐和愉悦，其中最典型的就是游戏界面。如图6-28经典的手动娱乐操纵界面。

与实体的产品相比，数字产品(这里主要指其中的软件部分)具有"界面设计为主"和"常通过网络相互链接"的特殊属性，其可用性设计不仅遵循上述那些易用设计和无障碍设计的通用法则，而且还具有一些特殊的原则。

图6-28 游戏手柄

---

①[美]Tom Kelly著，徐锋志译：《IDEO物语——全球领导设计公司IDEO的秘笈》，台北：台湾大块文化出版股份有限公司2002年版，第48页。

(1)功能型界面的可用性。

作为非物质的设计,实现通用可用性原则的方式具有一些其他特征,其中最重要的特征有:

其一,协议。

各种数字界面设计与硬件设计相比都具有一个显著的特点,就是形成协议,在这里,协议不仅是技术结构上的,同时也是界面形式上的。"协议"是一种系统性设计的方法,即设计组块相互一致。协议不是强制性的标准,它通常是由某些专家提议,为从业人员自动遵守和模仿而形成的。那些得到最多设计者认可的协议,通过完善和修正会逐步形成通用标准,目前各类数字界面基本上都已经形成了一定的标准。

其二,定制。

前述协议及标准使功能型界面设计的自由度变得非常有限,但是用户毕竟存在种种差异,特别是对于外观的偏好,因此定制是所有功能型数字界面所必备的一种功能,即用户根据自己的喜好和需要来制定系统特征的能力。

其三,拓展。

作为非物质设计,软件、网页的更新不会像硬件更新、升级那样困难且耗损资源,并且现在软件技术发展速度很快,因此软件、网页都有一定的升级期限,因此,设计师应该尽可能预测未来发展方向,使设计在不同情况下仍能延续使用,或者通过简单修改就能适应新情况。比如界面布局,就应考虑到以后增加功能组件的需要,网页设计则需要考虑如何适当地在原有页面布局中增加或减少内容而不影响美观。如图6-29可无限拓展的电脑数字界面。

图6-29 可无限拓展的电脑数字界面

其四，速度。

这也是数字界面所特有、需要加以考虑的可用性设计准则，即用户应在其预期的时间内获得所需要的信息。

其五，无障碍设计。

同样，功能型数字界面设计中也存在与有形产品设计中类似的"无障碍设计"，是将对用户心理研究的规律和原则运用于功能型数字界面设计的集中反映。

(2)功能型界面的可用性基本法则。

自20世纪90年代以来，美国的研究者将这些特殊原则总结起来，开始制定协议性文件，其中最新、最完备的应是1999年5月的《基于网络平台界面易用性协议2.0》，这一协议是交互界面无障碍设计的典型体现，它详细规定了功能型界面的可用性基本法则，核心部分包括四个方面：可感知性、可操作性、可理解性可拓展性。

第一，可感知性。

即内容应易于察觉，包括所有非文本内容应配有可更替的文本说明；为多媒体的内容提供同步的文本说明，等等。实现"可感知性"最重要的一点即需充分利用用户的多感知通道(音频、视频、触觉、味觉、嗅觉、动觉等)，使各感觉通道形成自然的互补。如图6-30时尚的电子橱房，能带给用户色、香、味俱佳的综合性通感。

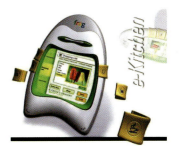

图6-30 电子厨房

第二，可操作性。

界面与内容相关的要素必须可操作。包括保证利用键盘或键盘界面即可完成所有功能；允许用户根据自己的阅读或交互习惯控制操作时间；帮助用户避免错误或者易于校正错误。

第三，可理解性。

界面上的内容和控制必须可理解，具体包括：确保界面内容可以被正确解读；界面的各个子界面和窗口应保持风格一致，并且交互性控件应按照可预期的方式对用户指令和操作产生反应。如图6-31是可操作且易于理解的电子产品界面。

图6-31

第四，可拓展性。

界面必须具有充分的可拓展性以适应当前和未来的技术，包括按照规范和协议使用技术；确保界面易于学习和使用或者同时提供易于接受和使用的版本。

上述准则，可用于评价各种功能型数字界面的可用性，许多

图6-32a 方向盘

图6-32b 车载音响

图6-32c 键盘

图6-32d 遥控器

界面设计领域中的可用性专家据此设计了相应的测试和评价方式。

(3)娱乐型界面的可用性。

除了上述功能型数字界面的通用性特征，这里还需对游戏界面的可用性设计进行单独阐述。游戏界面与其他界面不同，它的目的是娱乐，虽然大部分交互界面的可用性原则也同样适用于游戏界面，例如有效性、易学性、容错性等，但是某些原则则不那么重要，比如原来的效率原则，既然游戏用户有时并不需要在尽可能少的时间内执行某些任务，而可能更愿意花费大量时间沉浸其中，因此研究者提出了游戏界面的特定可用性指标——可玩性(playability)。可玩性是指一个用户对于某个游戏的全部体验，定义包括该游戏的有趣程度，使人们愿意沉浸其中的程度等。一个好游戏，即具有较高可玩性的游戏，是有趣、具有挑战性、能娱乐用户的游戏，至少包括五大要素：游戏的情境、界面可用性、故事、交互性以及技术要素，每个要素还包含多项具体内容。如图6-32a、图6-32b、图6-32c、图6-32d是罗技公司的系列娱乐性界面设计，具有很强的可用性。

◎ 五、可用性设计原则

前面已根据硬件设计(产品、环境)和软件设计(功能型数字界面以及娱乐型数字界面)的不同特点，简要归纳两者可用性的表现以及在设计中的典型表现，这反映了可用性设计的基本特征。从以上来看，可用性设计关键还在于通过运用心理学、行为学等学科知识，分析和理解用户关于使用及与使用相关各要素的需求，使之巧妙地反映于设计作品中。最后我们再将可用性设计中最具普遍性的设计准则加以梳理和归纳如下：

1．人的尺度

人的尺度是指人体各个部分尺寸、比例、活动范围、用力大小等，它是协调人机系统中，人、机、环境之间关系的基础，人的尺度通常是基于人体测量的方式获得的，它是一个群体的概念，不同民族、地区、性别、年龄群体的尺度不同。它也是一个动态的概念，不同时期同一类型群体的人的尺度也存在很大差异。20世纪二三十年代，美国最早一批职业设计师就已经意识到人的尺度对于设计的重要影响，格雷夫斯在1961年出版了《人体测量》一书，列举了标准男性和女性的人体尺寸图表，为现代设计艺术奠定人体工程学的学科基础。之后，人机工程学逐渐成为了设计艺术多个门类中必备的一门基础课程，例如工业设计、服装设计、环境设计等。人体尺度直接决定了人造物、人造环境的尺度，符合人体尺度是可用性设计的必要准则。人体尺度对于设计的影响反映于两个层次上。

第一个层次，设计中常直接应用人体尺度决定产品的尺度。

第二个层次，人体尺度不仅是生理度量的概念，也是一个心理上的概念，不同心理感受导致对于尺度需求的不同。如图6-33a、图6-33b是对标准人体基本参数的测量。

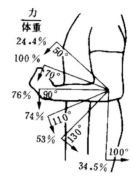

图6-33a

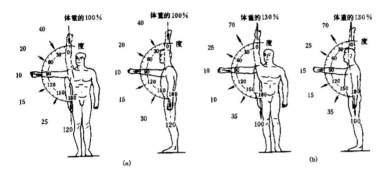

图6-33b

2．人的极限

人的能力非常有限。虽然人类是地球上最聪明的动物，能通过各种方式来揭示自然规律、发明工具、强有力地改造着周边的环境，但是人类即使能够通过不断发明各种各样的工具拓展其作为地球主宰者对周围环境的控制能力，他的适应范围仍然非常有限。如图6-34a、图6-34b、图6-34c是人体动态研究，探明了人身体活动的极限。

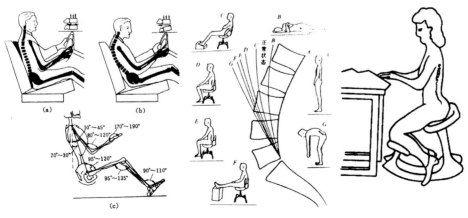

图6-34a　　　　　　图6-34b　　　　　图6-34c

图6-35a

图6-35b

图6-36a

图6-36b

图6-37

设计必须尽可能充分地考虑人的身心的极限。人机工程学的研究为我们提供了很多有用的关于人的极限的数据和知识，设计师在设计时应运用这些知识，同时也要根据不同的设计要求来灵活处理这些数据和知识。如图6-35a、图6-35b则是根据图6-34中的身体极限进行人体曲线舒适性的研究，这些可作为座椅开发与设计的参数。

3. 自然匹配

诺曼认为，自然匹配指利用物理环境类比和文化标准理念设计出让用户一看就明白如何使用的产品。人机工程学中有一个概念叫"控制显示的相合性"，指的就是控制器与显示装置之间的匹配关系。要求仪表排列与人的视觉习惯相吻合，操作人员可以直观明了地接收到物理关系中传递的匹配信息，不会出现歧义理解。如图6-36a、图6-36b是注重自然匹配的优秀设计。

所谓匹配，就是两事物之间的相关性。这种相关性规则与人的感知特征相符，使得用户自然而然地想把两者联系起来。计算机硬件中，键盘和鼠标接口完全相同，如何分辨它们互相对应的与机箱体连接的端口呢？很简单，键的接口颜色是紫色或蓝色，鼠标的接口颜色为绿色，这种颜色的自然匹配本质上还是视觉上的自然匹配，会大大减少错误操作的频率。

4. 易视性和及时反馈

易视性，是指所有的控制件和说明的指示必须显而易见；反馈，即使用者的每个动作应该得到明确的、及时的回应。例如，我们打个电话，电话的形式告诉我们应该抓住话柄部分，排布在电话面板上的按键从0到9，显然是用来拨号用的，这就是"易视性"设计。如果我们将按键藏在某个面板下，这样的设计也许是新鲜和有创意的，但可能会对初次使用它的用户带来不便。

当我们开始拨号时，可以听见不同数字带来不同的拨号声音，这就是反馈，如果没有这种提示，我们很可能不知道按键是否被按到了，造成操作失误。常见的反馈有位置反馈、声音反馈、亮度反馈、色彩反馈等，在同一个操作执行后，设计师可能同时运用几种反馈，以适应不同的使用场合，例如许多软件界面上的控制按键被激活后，既能发出声音反馈，还有颜色的改变等。如图6-37易视性设计。

5. 易学性

产品、界面应能使人快速而有效地学会使用方法。衡量产品易学性的度量单位是学习时间。根据人"记忆"和"学习"的基本生理、心理机制，通过记忆中的组块人们能不经思考、自动地按照一定程序工作。提高产品的易学性的具体做法包括以下几方面：

(1)减少认知负荷。

(2)学习和运用适当的训练方式。

(3)增加向导，减少学习；这是"易学性"原则的核心，即不要依赖于用户记忆和其习得的技能，而应保证他们随时可以获得必要的帮助、指导，无需过多学习或形成某种技能。如图6-38是典型易学性产品。

图6-38

6. 简化性

从实用的角度、简化不必要的功能扩展。当今，软件不断升级更新，一方面是积极的，人们的确可以用同样的代价获得更多的使用价值；另一方面也导致许多功能被闲置，还造成了用户学习和使用的困难。

从可用性设计这个角度出发，更适宜的做法是：

(1)对某些产品设计限制或避免那些不必要的功能。

(2)采取折中的做法，将必要的和最常用的功能放在最显眼的位置。

(3)采用系统化设计和标准化操作模式以简化学习过程，防止操作指令变化过多而导致容易遗忘。如图6-39极简化设计的例子。

图6-39

7. 灵活性、兼容性与可调节设计

对于用户使用行为、流程的分析虽然越细致越好，但针对他们所做的设计并非越细越好，因为用户并不见得总是严格按照设计师预设的行为模式来学习和使用物品，那些能较为灵活地满足用户行为多样性需要的设计更符合消费者的需要。这种灵活性不应以增加更加复杂的操作流程作为代价，而是一种貌似简单的精心设计。设计中应充分考虑设计与用户行为之间的灵活度，为用户多样化的需要和使用习惯留有可调节的余地。具体包括：

(1)尺度上的兼容度。比如减少空间的分割或者使空间分割灵活可调，以最大限度满足各用户不同的尺度要求。

(2)行为流程上的兼容度。不导致意外事故和危险的前提下，允许用户按照个人的习惯、情景需要来安排自己的使用行为。

(3)使用方式上的灵活性和兼容性。可以以多种可能的方式使用同一物品，例如中国筷子就充分体现了这一理念。如图6-40是

图6-40

灵活性兼容性的设计。

(4)使用环境和使用平台的兼容性。产品不应该是需要过多的配合条件或条件限制才能使用，软件应确保在不同硬件设施和软件环境下都能正常使用。

第三节 产品设计与用户出错

设计的对象是用户，而出错是用户的基本属性之一，这是由人的自然属性决定的。由此可见，优秀的产品设计须以用户的心理和行为模式分析为基础。设计引起的用户出错使人机信息交互的效率低下。甚至出现错误的信息传递。这使得设计的适用性原则和人机的和谐性面临挑战，因此针对用户模型、用户常规思维和设计师设计思维的分析对工业设计师具有指导作用。如图6-41用户出错与事故因素分析。

图6-41　用户出错与事故因素

◎ 一、用户出错的类型

丹麦心理学家Rasmussen将人的操作活动与决策划分为技能基、规则基和知识基三类。Rasmussen据此将人的出错也分为相应的三种类型，即错误、失手和失误。错误表示的是方向的歧途，是动机的不正确，是设计目标的错误设定；失手指在动作的完成过程中出现的错误，着重指与计划动作不相符的未计划的行为；失误与失手的相同点是在行动实施过程中出现的错误，但失误中的错误行为已纳入计划行为中，也就是说，是想做而未做好，即行为失误。

错误，是有意识的行为，是由于人对所从事的任务估计不周或是决策不利所造成的出错行为。失误是使用者的下意识的行为，是无意中出错的行为，两者的区别在于，如果用户针对问题建立了合适的目标，在执行中出现了不良行为，就是失误；而错误则是根本没能确定正确的行动目标。如图6-42事故和隐患分析。

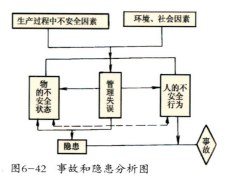

图6-42　事故和隐患分析图

◎ 二、设计引起的用户出错

1. 设计思维的偏差

设计人员在设计过程中经常犯的一个错误，就是误以为自己只是普通的用户，普通的意义在于设计人员认为自身可以作为典型用户的代表。这样的想法是否真的可行呢？

第一，设计人员与普通用户的知识体系尤其是针对其设计的产品种类而言，差别相当大。设计出的产品视如己出，当然是再熟悉不过。而用户显然不可能也如此轻松地像设计人员一样成为该产品的评析专家。

设计人员对其产品的固有认识根植于其头脑中的知识存储，这种知识的提取和使用既方便又可靠，所以即使设计人员认为自己是真正的使用者时，也基本上不会存在认知和操作错误。不同的是，对于不知或很少使用该产品的用户来说，他们需要靠经验、模仿或者借助外界知识来提醒、引导其进行正确操作。

第二，设计师总是不自觉地认为用户具有和他同样的思维能力和思维方式。一方面，认为用户在使用、操作过程中也会如他们一样用谨慎、缜密的推理思维进行思考，其直接后果是造成以机器为中心的设计观，用户不得不用逻辑思维来确保操作的正确性；另一方面，设计师按照自己的思维方式开发新产品，尤其是软件设计人员，他们认为自己的作品可以直接、轻松地被人理解和接受。事实上，也许另一个软件设计师都不能明白他的"软件语言"，其直接后果是造成以自我为中心的设计观。

设计人员在设计过程中，主导思维是理性思维，主要表现为逻辑思维和发现式探索思维。然而我们不能忽略的事实是，用户在日常生活中并不是以逻辑思维为主要的思维方式，用户在面对一件并不熟悉的产品时并不需要展开其推理思维。如图6-43通过合理的界面和仪表设计降低用户出错。

失误的发生往往是不可预计，并且是难以杜绝的。常见的失误包括：

(1)漫不经心的失误，这种失误常与行为的相似性有关，有时也是由于注意力分散。

(2)记述性失误。这种失误产生的原因常是主体对该动作很熟悉，但不够全神贯注或者过于急切。

(3)环境刺激产生的失误。执行受到外界的干扰，就可能造成

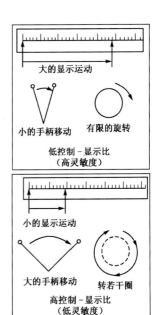

图6-43 可降低用户出错的仪表设计

失误。如图6-44典型的外部环境引起失误。

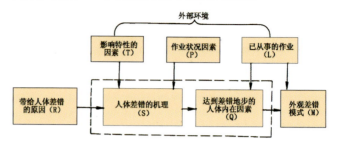

图6-44

2. 人们日常的思维方式

通过对人们日常的思维方式进行研究，现归纳如下：

第一，"因果"关系思维，即"当我采取某个行动时，我会得到某个结果"。这是比较常用的一种思维方式，通过"因果"关系思维，人们很容易积累很多操作经验，有助于过程性知识的积累。

第二，从形态的含义发现行为的可能性，用形态语意表明的功能信息或操作信息，或者是利用物理限制因素对用户操作行为做出引导，实现其操作目的。这种思维方式也可使用户获取大量的操作经验，是基本的思维方式。

第三，"现象—象征"经验，即"当某现象出现时，象征出现了什么条件"。如仪表显示无异样，并无报警声音或红灯(表示非正常工作状态)指示，象征机器运行状态为安全；又如自鸣式水壶发出鸣笛声时，象征水已经烧开了。象征性质的现象实质上代表了对操作的反馈信息。信息反馈是必要的，反馈原则也是设计的重要原则。

第四，尝试法。尝试法是指面对陌生现象或不熟悉问题时所进行的具有试探性质的行为。尝试法是探索发现式思维的方法之一，可用来解决实际问题，但由于其目的性不强，可能需要耗费大量时间尝试或依据经验做出判断。由于只是试探性地进行操作，因此并不能确定结果的有效性。

第五，想象。想象作为一种思维方式，应用十分广泛。想象具有跨越性，可以把看似无关联的两事件联系起来，有很强的"我想着……"之类的主观意识。

设计师作为专业人员，不论是从知识构成还是从思维方式上都与普通用户存在很大差异。只有真正从用户的实际操作中感知其认知方式，了解其思维方式，从中获取反馈信息并将其转化为设计语言，才能将设计的"编码"与"解码"相匹配，设计人员的设计模型才能与用户模型相符。如图6-45思维、意识与差错。

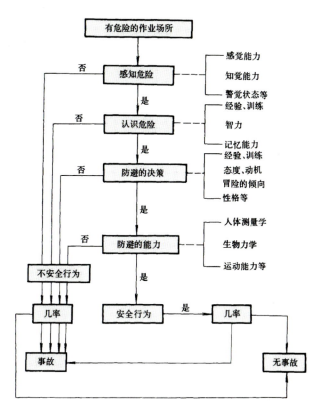

图6-45 思维、意识与差错的产生

3．理解有误

心理学中的理解是指个体逐步认识事物的联系，直至认识其本质规律的一种思维活动，是一个逐步深入揭露事物本质规律的思维过程。现代设计不再只是设计师一厢情愿的游戏，新的游戏规则是互动式的创造。设计不再只是针对没有生命的实体，它成为一种传播媒介物，符号成为传播载体。一边是符号的制造者，一边是符号的接收者和使用者，制造者的"编码"需要使用者的正确"解码"才能复归其真谛，这就是设计中的理解过程。理解是沟通的前提，是互动的基础和先决条件。①

如图6-46、图6-47是两组不同形态的椅子，但语意明确而简单，前者指示坐，后者指示躺。他们所强调的是语意符号的媒介作用。所谓语意，即指人们在接收设计符号刺激后对该设计符号形成的概念及印象。语意传达成功或是失败，前提是设计师必

图6-46 椅(坐的语意明确)

图6-47 躺椅(躺的语意一目了然)

---

① 张成忠、吕屏主编：《设计心理学》，北京：北京大学出版社2007年版，第147页。

须了解设计针对的目标受众的知识背景、知识层次和知识结构的特征及接收信息的特点等。

◎ 三、差错应对和容错性设计

从以上观点来看，错误常常是由于信息缺乏、考虑不周、判断失误、不良设计或是对问题估计不足造成的，后果有时非常严重，因此应该尽可能通过周密的设计和预检验来避免；而失误是由于人的思维特征所造成的，是不可能彻底避免的，只能依赖设计一些方式以减少失误或在事后弥补，减轻损失。如图6-48是对容错性比率的研究。

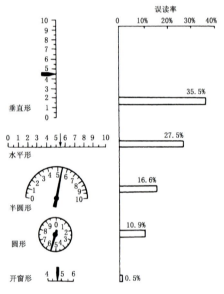

图6-48 容错性比率

差错既然无法完全避免，又可能对作业产生极大的影响，因此设计师在"可用性"问题上必须考虑应对差错。差错应对一般包括两个方面：一是在差错发生前加以避免；二是及时觉察差错并加以矫正。常见的设计方式有：

1．提供明确说明

例如为了避免由于过多相似开关造成的识别方面的失误，可将开关根据不同的功能设计成不同的造型或者颜色。

2．提示可能出现的差错

例如电脑界面中一个通用的"差错应对"设计，即当你做某些操作时，它会提示你："确实要删除吗？"并且一般删除文件首先被存储在"回收站"内，必要时使用者可以从"回收站"中找回文件。还有很多设备所具有的"undo"操作，也是属于提示用户操作可能带来的差错的通用策略。

3. 失误发生后能使用户立刻察觉并且矫正

一个经典的例子就是美国的自动提款机,为了防止用户将卡忘在机器上,它会要求用户抽出卡来才能提取现金,这种应对方式也被称为"强迫性机能"(即人如果不做某个动作,下一个动作就没办法执行);另外一种是"报警性机能",例如有些汽车的设计,一旦用户将钥匙忘在上面,汽车能发出报警声。

分析设计出错是探究设计心理的重要内容之一,同时也为创造优秀的设计作品,提出合理的设计原则奠定理论基础。如图6-49理性分析了各种仪表误读的案例并进行优劣性比较。创造心理是设计心理的重要组成部分,创造能力的高低直接决定了设计的优劣性。作为一种综合性能力体现的创造活动,设计来源于对生活信息的捕捉,对设计要素的重新定义和组合,以及对社会大环境的思考和分析。作为设计学的基本理论之一,设计心理理论的逐步完善将直接影响到设计学的理论建构并指导设计实践活动。从心理学角度阐释设计问题能有效地改善人、物、自然和社会之间的关系,使之更加协调有序地发展。

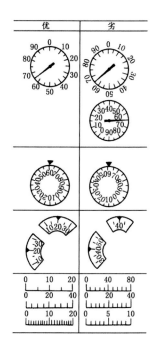

图6-49 仪表误读分析

本章思考与练习

一、复习要点及主要概念

工业设计，符号、隐喻与文化情节，可用性设计，可用性实施流程，可用性测试，可用性设计原则，自然匹配，人的极限，用户出错，容错性。

二、问题与讨论

1. 讨论和分析具体某一数字产品界面的可用性。
2. 在强调文化差异的前提下如何兼顾产品内在功能结构的合理性？

三、思考题

1. 什么叫工业设计？
2. 如何捕捉产品创造中的潜意识？
3. 什么叫可用性工程？
4. 可用性设计应遵循哪些原则？
5. 什么叫自然匹配？
6. 何谓用户出错？何谓容错性设计？

第二节 物理环境

设计艺术的物理环境主要是指围绕在设计艺术相关行为周围并能与其产生联系、相互影响的外界客观事物。具体而言包含两个方面：一是为造物活动提供必要物质供给的外界环境；二是人们日常生活、工作的空间环境，这一环境也是人们设计、制造、使用物的空间环境。如图7-13是极具代表性的解构主义空间设计，强调全新的时代理念和空间环境理论。

图7-13 新锐另类的解构主义设计

◎ 一、环境心理与设计

1．环境认知

环境认知是主体与环境发生交互的基础，是主体认知的重要部分，它遵循主体认知的一般规律。主体对环境的认知包括以下几个方面。

(1)高度、广度的认知。

(2)距离的认知。

(3)尺度的认知。

(4)空间的认知。影响城市的识别性的五个关键的向度：道路、边线、联结、街区和地标。

(5)开放性和封闭性的认知研究还发现空间的开放性和封闭性对人的心理知觉也有影响，开放的空间比狭小封闭的空间能开阔人的心胸，减轻视觉疲劳，调节心情。如图7-14是作者对室内空间环境的概括与认知。

2．主体的心理距离

1966年，人类学家霍尔出版了《隐藏的向度》一书，提出了所谓的"距离学"。他根据人们之间的心理体验，将人们之间互动的距离按情感亲疏关系划分为四种，分别为：

(1)密切距离：0～45.72cm，在这个距离范围内，人们之间能清楚看清对方面容的细微变化，甚至能感受到体温和气息，通常情况下，只有存在特殊关系的人，才能使用这个距离；其他人被迫使用这个距离，会感觉不快，处于防守的状态。

(2)个人距离：45.72～121.92cm，适应于朋友或关系较为密切的人交往的距离；

(3)社会距离：1.22～3.66m，社交的距离，适合于一般性的事务处理或工作的距离，例如顾客和售货员，商务会谈，共同劳

图7-14 间设计基本内容

动、工作的同事等。

(4)公众距离：3.66~7.62m，非常正式的距离，适合于单向交流，例如发表演说等。在这个距离，人们可以轻易逃避或者采取防卫行动。

人与人之间的心理距离主要取决于四个方面的因素：

(1)个人因素：包括生理特征(年龄、性别)，社会特征(教育背景、职业、地位、阶层)。

(2)人际因素：人与人之间的亲密程度。

(3)情境因素：活动场所和性质。如图7-15是鲁迅先生笔下江南水乡中咸亨酒店的基本原貌，场所的亲和感和休闲性非常明确，典型的同乡邻里间和游者小憩的悠闲环境。

图7-15 咸亨酒店

(4)文化因素：不同文化的人们的人际距离不同。中东、地中海地区的人们重感觉，因此交往距离比较近；美国则比较远；而德国人的交往空间更远。满足人们对空间的需要是设计师的责任，设计师应根据情境的具体需要进行设计，提供给环境中的个体以最适宜的空间距离，过远或者过近同样都会导致主体的不适应。例如我们在设计公共座椅时，应该考虑到个人心理空间的因素，不要设计得过分亲密，引起用户的不快。

3．领域性

领域是个体、群体使用和占有的一个区域界线的空间本能，即为了延续种群、控制密度、保护食物源等。人类的领域性逐渐从生理需要发展成为高级的心理需要，人类不再会像动物那样靠厮杀来保护领地，人的领域性更加复杂，具有特殊性。图7-16虽为动画角色，但也明显地在争夺领域空间。

图7-16 空间的领域性

首先，人类占有领域的目的发生了变化，不再是为了繁衍和食物的需要，而是：

(1)建立有序的秩序。通过一定的领域划分，能减少潜在的冲突，例如房屋提供给人合法的领域占有权，保护个人财产。

(2)领域性能保证人们具有独处的个人空间，以保证其具有一定的私密性。

(3)研究还发现个人领域能使人们比较放松，对情境具有更多的控制能力。

其次，人类的领域占有还具有一定的层次性，分为主要领域、次要领域、公共领域。主要领域是拥有者几乎能完全控制的领域，例如卧室、书房等，人们通常希望这些地方具有明显的个性特征。在设计中，格外需要考虑主人的个人偏好，这既是因为主人具有完全的控制权，而能够任意布置，也是因为主人希望凭借装饰布置标记其个人的特征。次要领域是使用者虽然不居于核心地位，也不排外的领域，例如客厅、起居室、办公室等。公共领域属于可供任何人暂时使用的领域，例如公园、街道、剧院等，人们分享这些区域。这一划分其实与人的心理距离的划分具有一定的对应关系。图7-17a、图7-17b，个性化的卧室，所强调的风格情调都是强调使用者对该空间

最后，人类标记领域的方式除了会使用一些边界，例如围墙、院落等之外，在次要领域和公众领域通常会使用一定的标记。

◎ 二、人际关系与空间设计

互动的人形成了各种亲疏不一的人际关系，并伴随相应的心理活动。心理通过其外在行为显现出来，这使得人们在同一空间内所处的位置以及所处位置所带来的交互方式又能表达和体现出相互之间的人际关系。这种空间所处位置有时是通过一定的惯例或礼仪制度而人为确定的，最常见的就是所谓的正式宴会桌的位置排布，或者商务谈判中的位置排布，个人所坐的位置直接体现了他们的角色；而这有时则是人们下意识的行为，是其由于人际关系而产生的一种不自觉的行为，这些行为往往能更加真实地体现人际关系和潜在心理活动。

图7-17(a,b) 个性化卧室

从设计的角度而言，如果空间不能正确反映其中活动的人之间的关系，那么人们很可能感到不便或局促。相反，如果设计师能洞察空间内的人际关系，以及可能产生的心理体验，则既可能创造出较为适宜、适合互动活动的空间，也可能利用巧妙的空间设计，调节互动活动，为人们提供更加符合需要的环境。

◎ 三、拥挤与空间设计

如前面提到奥尔特曼(I.Altman)的维度理论说："拥挤"和"孤独"是空间设计同一个维度的两端，人的空间行为多是为了优化和调节这个维度。比如当人久而独居的时候，就会渴望寻找一定的陪伴；而如果处于人口密度过大的环境中，就会感觉拥挤。拥挤是一种消极、不快的情感体验，它比起孤独而言能更加直接地对主体产生不良影响。此外，孤独可以通过主体的自觉交往行为加以缓解，而拥挤则常常与环境布局的不合理设计而导致

图7-18 拥挤的空间

的人流量、密度、噪声、温度、气味等相关，因此是环境设计中应着重加以解决的问题。如图7-18动画场景中拥挤的空间。

和其他环境心理一样，拥挤感也同样受主体个性的影响，比如，喜爱交际者比较能接受较为拥挤的环境；文化背景也可能产生类似的效果，例如较为传统的中国人显得比欧美人更能接受较为拥挤的环境。

调节拥挤感的设计方式主要有三个方面：第一，通过适当的陈设或环境布置，调节环境认知，常见的方式包括：一是提高空间的照明度；二是在房间四周使用镜子或透明的玻璃，可以增大认知中的空间大小；三是长方形的房间比同面积的正方形房间显得大；四是浅色房间显得比深色房间大；五是减少室内陈设以及统一和谐的装饰风格和色调也能使房间显得更加宽敞有序。第二，提供一定的空间分隔。心理学研究认为，拥挤感的产生与人的私密性被侵犯有一定关系，通过分隔空间，能减少感觉到的输入的环境信息，这样就能减少拥挤感。最明显的例子，在一般人心中，分隔为各个小房间的住宅与同面积的大房间相比更适用。第三，调节人流密度的设计。许多公共空间中的人并非总是静止，而是处在不断的流动中，人流密度大的地方应将空间设计得更大一些，而人流小的空间可以相对小一些，同理，通过缩减停留时间能降低拥挤感。

◎ 四、物理环境设计

人工环境是人们根据自身需要而逐渐创造的环境，因此，人工环境的设计应根据人们的行为、活动设计，来满足不同使用群体的需要。根据环境中发生的主体行为不同，可以将环境分为工作环境、家居环境、公共环境。

1．工作环境

工作环境设计的重点是如何提高主体的作业效率，并且办公室的设计与工厂虽然同为工作环境，但是要求不尽相同，前者需要更多考虑工作台面的尺度以及座椅的设计，因为办公室工作主要的姿态是坐；此外还应保证环境具有一定的私密性，保证每个作业者具有相对独立的空间，使他们能处于较为放松的状态，注意力不受打扰。

相对而言，工厂的工作空间往往比较大，并且可能在同一环境中要完成若干项相关的不同作业项目，因此设计的注意点也比较多。如：

(1)空间布局应与工作流程相符合，这样可以缩短人与物的流动距离，避免相互交错带来的混乱和互相干扰。

(2)工具放置位置和工位空间布置应符合作业的特点和人的尺度，例如操作大型机器(纺织、车床控制等)或者动作较大的操作应该留足空间，而流水线等比较固定的工作工位则可以稍小；工具应摆放于易于找寻、方便拿取之处。这些相应的尺寸可以参照相关的人机工程学尺度。

(3)照明，一方面要保证充足的作业用光，比如现代厂方通常都采用玻璃长窗，这就是伴随机器化大生产而产生的设计特点，它能提供充足的光照；其次要保证亮度分布均匀合理，研究表明，亮度分布越均匀，视觉作业的效果越好；最后还要避免眩光现象。如图7-19良好的照明与工作效率直接相关，而如图7-20可看出优雅的视觉环境还能营造良好的情感氛围。

(4)噪声，过大的噪声会引起人的焦躁、厌恶等不愉快的情

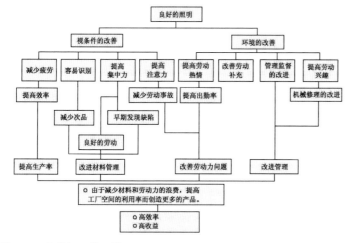

图7-19 照明与工作环境

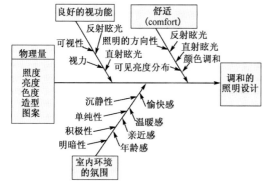

图7-20 照明环境与情感

绪。

(5)环境色，环境色调应符合一般的色彩心理感受规律。

2. 家居环境

家居环境体现了主人的群体关系、社会背景、文化素质等稳定的特征，也打上了其个人经历的烙印，具有鲜明的个性化特征；并且居室作为人们最常栖息的环境，能反过来影响和强化其个人意识。居室设计除了要考虑光照、色调、噪声等因素之外，还应重点注意两个方面：一是重点协调私密性和公共性的需要，建立更加和谐、友好的家居环境。二是主人的特征、品质、经历、社会地位、文化背景。如图7-21是温馨高雅的家居环境。

图7-21 温馨高雅的家居环境

3. 公共环境

公共环境，主要包括街道、广场、剧院、图书馆、商场等环境。这些场所中，人流量大，其空间设计要点主要包括：一是保证人流通畅。二是无障碍设计，例如剧场、医院等场所应考虑老弱病残的特殊需要，尽量为差异性的人群提供使用、栖息的便利。三是目的性需要，根据不同场所的特定目的进行设计。四是公共安全的需要，例如遇到紧急状态如何疏散、救助的需要。如图7-22a、图7-22b是系统设计的现代大型公共空间环境。

最后，在各类环境设计中，设计师还应充分考虑到各种环境限制。环境限制是指外在环境、场景对设计、人的工作、活动所带来的障碍，例如噪声、微弱的照明，以及环境中可能让人分心的事物。除了前面那些物理环境带来的限制，还有一些由于社会规范或文化带来的环境限制，例如参加讲座、图书馆或者肃穆的场合下，不应使随身携带的设备发出音响等。

a

b

图7-22(a,b) 公共空间环境

◎ 五、氛围设计

氛围是指围绕或归属于一特定根源的有特色的高度个体化的气氛，环境氛围是环境带给处于其中的主体的一种综合性的、有特色的心理体验。人们处于特定的环境中，环境的视觉、听觉、嗅觉和触觉的综合作用，会使消费者产生不同的主观感受，因此环境氛围是主体视觉、听觉、嗅觉、触觉的综合。"氛围"能使主体产生三种主要的调节消费行为的情感，分别为愉悦、激励和支配。这三种情感能促使消费者在商场停留更多时间或者比原计划花费更多金钱购物。①

氛围是一种综合性的心理体验，它主要取决于两个方面的设计：一是空间的布局；二是来自室内陈设和布置。居室内的陈设归纳为三个要素——陈设的位置、陈设之间的距离以及象征性装饰的数量。以教堂作为例子，教堂中的陈设——高天花板、玻璃窗、绘画和雕塑、幽暗的灯光能引起人们的敬畏感和服从感。从艺术设计的角度说，陈设自身的设计风格是形成氛围的重要因素，也是形成环境的个性化特色的重要原因。设计师为了给环境营造某种氛围，会使用一些能产生类似联想或情感体验的装饰物以及具有特定风格的家具设施作为道具，有时还将带有个人印记的物品作为体现环境个性化的提示。如图7-23a、图7-23b 是围绕主题展示需要，精心策划和设计的情感体验式的氛围环境，感染力极强。

a

b

图7-23(a,b) 情感体验式环境

精心设计的环境不仅能带给主体舒适的身心体验，而且还能给他们带来情感的满足和精神的愉悦。反过来看，不当的环境氛围则会影响主体的情绪，造成心理上的不良反应，如在医院病房里使用刺激鲜艳的色彩，或摆放后现代风格、波普风格的家具等，都可能使本来心情郁闷、焦躁的病人更加烦闷和焦躁不安。

第三节　社会环境

社会环境是影响人的行为的环境因素中一切非物质的因素，它是环境因素的重要组成部分，并且许多学者认为，社会环境对于人的行为影响尤甚于物理环境。

群体是两个或两个以上的人，他们相互作用去完成某些共同的目标，社会是人们在劳动和生活中形成的群体的总称。社会环境对于人的心理活动和行为的影响，是通过群体之间的相互影响和相互作用而实现的。文化是指那些作为整个人类特征的各种属性，这是将文化作为一个整体性的概念而言的，文化将一个特定的社会连为一体，它包含了该社会中存在的思想、技术、行为模式、宗教和风俗等。文化通过社会加以体现，社会环境对人的心理与行为的影响本身就渗透了文化的作用，从这点说，文化可以看做是社会环境中的重要组成部分。如图7-24以社会环境为主导的大场景氛围，如图7-25日本银座的商业展示空间的设计。

进一步说，设计艺术是处于一定社会环境下的造物的艺术，

图7-24 大型广场

图7-25 展示空间设计

---

①[美]戈登·福克赛尔等：《市场营销中的消费心理学》（第2版），北京：机械工业出版社2001年版，第26页。

社会环境也是影响设计活动最主要的情境要素之一。社会环境直接制约着人们的消费行为,并通过消费者行为反作用于设计制造上。

社会是设计艺术的情境因素,并且这种影响首先就是通过人的行为而产生的。由社会关系所形成的社会环境对设计艺术的影响,首先反映于对人特别是物品的使用者心理的影响,并通过人的行为直接作用于艺术设计活动。

◎ 一、群体、参照群体与家庭

1. 群体

群体(group)是指人们彼此之间为了一定的共同目的,以一定方式结合在一起,彼此之间存在相互作用,心理上存在共同感并具有感情联系的两人以上的人群。相较于个体,群体是设计师更应该关注的对象,因为他们之间以某种形式或组织联系在一起,他们有共同的目的,斯普罗特(Sprott)指出这群人之间的相互作用要多于与其他人之间的相互作用。

2. 参照群体

参照群体(reference group)是作为某个个体的比较点(或参照点)的人或者群体,它使该个体形成一般的或者特殊的价值观、态度或者特殊的行为导向。

参照群体对设计艺术的意义在于:首先,参照群体的喜好是设计师进行设计创意的重要资料来源。其次,通过参照群体来宣传和推广产品是广告设计中最常见的手法。除了名人之外,其他参照群体也常被用于广告或各种促销行为中,例如佳洁士牙膏搬出了护牙专家来提供所谓的"权威意见";汰渍洗衣粉以普通家庭主妇的实践经验作为证据。如图7-26a、图7-26b以青春时尚

a b
图7-26(a,b) 青春时尚的服装设计

群体为参照的服装设计。

3．家庭

家庭(family)是社会的基本单元，所有参考群体中，家庭成员之间的联系最密切，许多消费决策和行为都是以家庭为单位展开的。家庭是一个动态的概念，即家庭中的成员总在不断变化，并可以划分为不同的家庭生命周期。一个完整的家庭周期包括单身阶段、新婚阶段(结婚到第一个孩子出生)、核心家庭阶段、做父母之后阶段(子女能独立生活)、分解阶段(丧失配偶的阶段)，处于不同周期的家庭具有不同的家庭结构。如图7-27温馨浪漫的个性化家居空间。

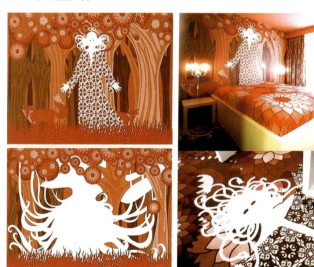

图7-27 浪漫的个性化空间

最常见的家庭结构包括：

(1)夫妻家庭：夫妻二人组成的家庭，又可以分为青年夫妻或老年夫妻等。

(2)核心家庭：夫妻与未成年子女组成的家庭。消费通常会围绕孩子。

(3)扩大型家庭：核心家庭与双方的直系亲戚(例如双方父母)住在一起，兼有老年夫妻和核心家庭的购物习惯，并且喜欢使用大包装的商品。

◎ 二、阶层

社会阶层(class)是一个对比的概念，即通过该阶层成员与其他阶层成员的对比来加以定义其在一个社会中所处的地位。社会

图7-28(a,b) 追求个性和格调的服装

学家通常按照地位等级高低将阶层分为五种：上层、上中产阶级、中产阶级、下中产阶级和下层。评价社会成员的阶层有三个最核心的因素：财富(经济资产数量)、权利(个人选择或影响他人的程度)、声望(被他人认可的程度)。学者们在研究中为了更科学地定义社会阶层而制定了各种测量方法，其中最常用来定义阶层的要素变量包括：职业、教育程度、收入、财产(目前的拥有物)，这些要素也是决定一个人的社会阶层的主要因素。比较科学的测量方式应是"复合变量指数"的测量，即综合以上因素中的几个来评价阶层等级。

综合指数分为两种：一种是身份特征指数，包括的变量有职业、收入来源、房屋类型和居住环境；另一种是社会经济地位，包括三个变量：职业、收入和受教育程度。

由社会阶层所决定的人的生活方式、消费目标、消费能力以及在选择消费物时所反映出来的品位(格调)，也似乎存在高低等级。如图7-28a、图7-28b年轻时尚一代追求个性与格调的着装，也从侧面显示出其阶层属性。因而我们有时会说一些消费物趣味高雅，而另一些则属于大众消费。划分社会权力等级的三种资本形式——经济资本、社会资本(名望)、文化资本，同样也是支配鉴别趣味的主要因素。趣味的高低并不是由某种内在品质决定，而是由其中所带的文化资本多少决定的。所谓的高趣味并无永恒的标准，它取决于一定社会中被确认合法和正当的文化，比如在欧美社会中被视为高品位的物品也许在非洲的原始部落则被视为怪诞丑陋。如图7-29a、图7-29b欧洲典雅刻花彩绘玻璃在欧式古典建筑上显得高贵典雅，但在某些地域建筑中则未必尽然。

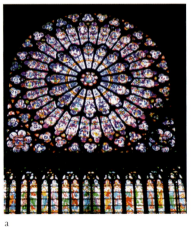

图7-29(a,b) 高贵典雅的彩绘刻花玻璃

到了现代，机械化大生产使得人类的生产能力迅速提高，产品的同质化趋向显著，如何通过物品来标志人们的社会等级出现了新的方式，既然原本依靠工艺或材料的高贵来区分物品等级，直至人的等级，已经不那么容易，于是就出现了第三种区分的方式，即布迪厄所说的"知识资本"。现在，依靠物品的珍贵程度来区别社会等级已经不是最主要的方式了，更加通用的是利用文化的方式加以区分。人们要标志其等级必须掌握相应的文化知识，如果有钱而无适当的知识资本，那么他仅仅只能属于"暴发户"，仍然无法得到上层阶级的认可。并且在物品和服务的消费方面，依靠物质划分的阶层等级还进一步细分为依靠文化和知识背景区分的文化群体的概念，即便同一阶层也根据不同的知识背景产生了分化，继而形成相应的趣味，比如"资讯的非物质世界与金钱的物质世界熔铸为一体" 的布波族（如图7-30时尚的工作室）、追求精致生活的小资族等。这对设计艺术的影响在于，除了区分阶级之外，物品、生活方式还具有了区分文化等级的职能，设计师在迎合不同消费能力的同时，还需要制造相应的消费文化，标志具有不同文化资本的群体。有趣的是，那些在经济资本上并无明显优势而具有较高知识资本的知识分子、文化精英却因此成为特殊群体，他们凭借独特的趣味，在时尚或生活方式上甚至比上层阶层更加独领风骚，在这里"知识就是力量"的口号有了另外一层含义。

图7-30 点缀卡通形象的工作室

◎ 三、时尚心理

时尚(fashion)与前面阐述的从众行为关系紧密，从众往往导致时尚，它是与设计艺术关系异常紧密的一种重要的社会心理现象。时尚是既定模式的模仿，它满足了社会调适的需要；它把个人引向每个人都在前进的道路，它提供一种把个人行为变成样板的普通性规则。但同时它又满足了对差异性、变化、个性化的要求。①如图7-31a的背包，图7-31b的时尚休闲鞋，图7-31c时尚的打火机和移动存储盘，这些都是少男少女们的随身产品，既满足了个性的需求，又能大批量生产。时尚形成分两个阶段：第一是变动的阶段，较高阶级或者知识资本雄厚的精英分子率先通过内容变动来拉开他们与一般大众之间的差距，这是时尚的萌芽阶

图7-31a 时尚背包

图7-31b 时尚休闲鞋

图7-31c 时尚移动存储盘和打火机

---

① 齐奥尔格·西美尔著，费勇等译：《时尚的哲学》，北京：文化艺术出版社2001年版，第72页。

段，它发生在时尚成为流行的前端，比如，每年的时装发布会推出的最新时装，它们是最时尚的服饰，但还没有流行起来。许多精英人士追求"时尚"，但他们又同时认为"凡是流行的就是庸俗的"，他们不屑于与别人共享同一物品，始终要引导潮流的走向，他们的乐趣在于始终与一般消费者保持不远不近，又先于他们的距离。第二是时尚形成并泛化的阶段。当时尚发布后，较低阶层或者其他向往更高知识等级的人开始模仿时尚，这导致了时尚的泛化，流行一时而最终走向终结。

结合前面对于阶级消费等方面的理论，我们将时尚产生的生理机制和社会心理机制归纳为三点：

第一，为了满足他们突破现有生活方式、社会角色的束缚，向较高阶层靠拢的需要。

第二，满足他们求变求异的心理需要，正如美国心理学家麦孤独1908年出版的《社会心理学导论》中提出的"本能论"，他认为求知本能与好奇情绪都是人类的本能和基本情绪之一。如图7-32就是本能心理与好奇心理相结合的时尚制品。

图7-32 本能心理和好奇心理相结合的时尚制品

第三，就是前面所说的从众的需要，一种害怕偏离的心理和对群体归属感的渴望。

个体的心理因素是导致时尚的不变因素，而时尚本身既是艺术设计的社会环境因素，同时它自身也受到社会环境的影响和制约，因此它的形成本身就是社会环境对于设计影响的体现。比如，人们渴望变化，但如何变化，或者哪些变化能成为时尚却有着鲜明的时代特征，受当时整体社会情境的影响和制约。社会情境包括了生产水平、经济、政治、外交、文化等多种因素。时尚形成具有显著的社会因素和时代特征，对于中国人的时尚影响最

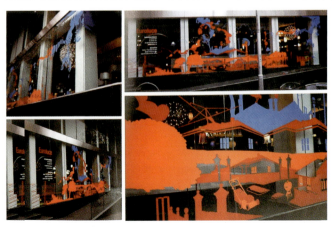

图7-33 紧跟娱乐时尚的店面设计

大的因素有：

(1)政治因素：例如知青文化、各种外交政策、文化政策等。

(2)文化因素：电影、电视对于中国人的时尚具有非常重要的影响，此外还有参照群体，主要是影视明星、体育明星等。如图7-33是体现20世纪80年代后年轻一代对时尚娱乐文化的热衷追求的店面设计。

(3)经济因素：生产水平提高，科技进步。

(4)外来文化的影响。

四、文化差异与艺术设计

文化是一个非常复杂的概念，它是指社会成员通过社会交往而不是生物遗传继承下来的全部，包括在社会化过程中，由社会一代代传下来的思想、技术、行为模式、宗教仪式和社会风俗等，是人们习得的信念、价值观和风俗的总和。文化像一只无形之手，人们不一定清晰地知道它对我们心理活动和外在行为的巨大影响，但它的确自然而自动，并且根深蒂固地左右着他们的一举一动。

文化一般包括以下要素：认知和信仰要素、价值观和规范、语言和符号、仪式。文化的存在是人类社会发展和人的社会化的必然，它给人类的社会生活提供秩序、方向、规则和指导。

因此文化具有复杂性、多样性和发展性，人们在与持有不同文化的人接触时，往往会更加清楚地发现文化差异。

从消费者的角度看。文化对于艺术设计的意义在于，艺术设计所涉及的物品、环境和视觉符号都可以称为"文化细节"。文化定义了人，文化细节的差异使不同人之间的差异外显，换言之，物品、环境和符号，这些原本是人为自己服务而造出的物被异化，成为定义人及不同群体的特征的重要依据。因此，人已不再能随意选择物，而不得不根据自己的文化背景选择自己使用的物品、栖息的环境等。多数情况下，人们会选择与他们的文化背景相吻合的物品或服务。如图7-34是莫里斯设计的作品，体现了工艺美术运动的典型英国贵族文化特色。而图7-35是现代住宅客厅的开敞空间简约单纯、典型的现代主义风格。

图7-34 莫里斯设计的作品

图7-35 简约单纯的现代客厅

从设计主体的角度看，文化对于艺术设计的意义在于，设计师面对的是广阔而多样化的消费市场，消费者具有不同的文化背景，有自己的文化偏好和禁忌，当文化不同时，其差异主要体现在人的品位上。不同文化背景的消费者对同一产品性能的要求基本类似,而对由于文化所导致的产品特征的需求却截然不同。

文化差异在设计师进行跨文化设计(例如替跨国公司做设计)时,显得尤为重要,如果不加重视,很可能导致重大的设计失误。

如前面所说,文化的差异将整个社会中的人细分为小的亚群体(亚文化),同一亚文化的成员具有较为接近的种族起源、风俗习惯、行为方式等。设计师通过对某个特定亚文化群成员的特征进行调查,可以对该亚文化群体成员的消费心理进行有效的预测,这在市场开发和新产品设计中非常重要。如图7-36a至图7-36e是体现不同文化需求的场景设计。

设计师该如何针对不同文化背景的目标消费者进行有效的设计,将失误降低到最小?作者认为应从以下几个方面着手。

(1)避免自我参照标准。

(2)在设计的前期准备中做一定的文化调研,调研方式和过程参见前面的研究方法。

(3)认知、理解、接受和尊重不同文化之间的差异,尤其小心应对对方文化的禁忌。

(4)不要试图将一种文化强行移植到另一种文化中,但可以发挥文化的移情作用。

图7-36(a,b,c,d) 体现不同文化需求的场景设计/湖北工业大学毕业设计作品

本章思考与练习

一、复习要点及主要概念

环境应激理论，唤醒理论，维度理论，生态心理观，心理环境，环境认知，识别性要素，心理距离，领域性，社会离心空间与社会向心空间，氛围，社会环境，群体，参照群，从众阶层，跨文化设计

二、问题与讨论

1．结合设计实践，谈谈环境对设计艺术行为的影响包括哪些方面。

2．试论述空间如何反映人际关系。

3．如何利用艺术设计营造环境氛围？

4．试论述时尚对于设计艺术的影响。

三、思考题

1．什么叫心理环境？

2．何谓应激理论？何谓控制论？

3．什么是物理环境？什么叫社会环境？

4．何谓群体和参照群体？

5．谈谈在艺术中怎样兼顾群体、阶层、时尚心理、文化差异这一系列因素。

参考书目

01. [美]唐纳德·A·诺曼著,梅琼译:《设计心理学》,北京:中信出版社2003年版。
02. 李彬彬:《设计心理学》,北京:中国轻工业出版社2001年版。
03. 李乐山:《工业设计心理学》,北京:中国高等教育出版社2004年版。
04. 赵江洪:《设计心理学》,北京:北京理工大学出版社2004年版。
05. 张成忠、吕屏:《设计心理学》,北京:北京大学出版社2007年版。
06. 任立生:《设计心理学》,北京:化学工业出版社2005年版。
07. 柳沙:《设计艺术心理学》,北京:清华大学出版社2006年版。
08. [美]艾伦·温诺,陶东风等译:《创造的世界——艺术心理学》,郑州:黄河文艺出版社1988年版。
09. [苏]弗·谢·库津,周新等译:《美术心理学》,北京:人民美术出版社1986年版。
10. 范景中选编:《贡布里希论设计》,长沙:湖南科学技术出版社2004年版。
11. 章志光、金盛华等:《社会心理学》,北京:人民教育出版社1996年版。
12. [美]J-R 安德森著,杨清、张述祖等译:《认知心理学》,长春:吉林教育出版社1989年版。
13. 王更生、汪安圣:《认知心理学》,北京:北京大学出版社1992年版。
14. 朱滢主编:《实验心理学》,北京:北京大学出版社2000年版。
15. 黄升民、黄京华等:《广告调查:广告战略的实证基础》,北京:中国物价出版社2002年版。
16. 李彬彬:《设计效果心理评价》,北京:中国轻工业出版社2005年版。
17. 张述祖、沈德立:《基础心理学》,北京、教育科学出版社1987年版。
18. [奥]弗罗伊德著,丹宁译:《梦的解析》,北京:国际文化出版社1998年版。
19. [德]雨果·闵斯特伯格著,邵志芳译:《基础与应用心理学》,杭州:浙江教育出版社1998年版。
20. [美]Earl Babbie:《社会研究方法》(影印版,第9版),北京:清华大学出版社2003年版。
21. 朱光潜:《文艺心理学》,合肥:安徽教育出版社1996年版。
22. [德]库尔特-考夫卡著,黎炜译:《格式塔心理学原理》,杭州:浙江教育出版社1997年版。
23. 朱祖祥:《工业心理学》,杭州:浙江教育出版社2001年版。
24. [美]杰克·斯佩克特著,高建平译:《艺术与精神分析》,北京:文化艺术出版社1990年版。
25. 李泽厚:《美学四讲》,天津:天津社会科学院出版社2001年版。
26. [英]布莱恩·劳森著,杨青娟、韩效等译:《空间的语言》,北京:中国建筑工业出版社2003年版。
27. [德]库尔特·勒温著,竺培梁译:《拓扑心理学原理》,杭州:浙江教育出版社1997年版。
28. [日]相马一郎、佐古顺彦著,周畅、李曼曼译:《环境心理学》,北京:中国建筑工业出版社1986年版。
29. [丹麦]扬·盖尔著,何人可译:《交往与空间》(第4版),北京:中国建筑工业出版社2002年版。
30. 俞国良、王青兰等:《环境心理学》,北京:人民教育出版社2000年版。
31. 徐磊青、杨公侠编著:《环境心理学》,上海:同济大学出版社2002年版。

图片来源

01. 图1-2、图1-5a、图1-5b、图1-5c、图1-6a、图1-6b,源自《中国民间美术》光盘,武汉:湖北美术出版社1998年版。
02. 图1-3a、图1-3b、图1-3c、图7-5a、图7-5b,源自正一艺术网,http://www.zyzw.com。
03. 图1-1、图1-9、图1-10、图4-1、图4-2、图4-3、图5-10、图5-11、图5-12、图6-41、图6-42、图6-43、图6-44,源自周承君、罗瑞兰课件示范图表。
04. 图2-1至图2-14、图3-8、图6-33a、图6-33b、图6-34a、图6-34b、图6-34c,源自丁玉兰主编:《人机工程学》,北京:北京理工大学出版社2000年版。
05. 图2-17a、图2-17b、图2-17c、图2-17、图3-10,源自研究生课题,编者参与指导。
06. 图2-18a、图2-18b、图2-18c、图2-18d、图2-18e、图2-18、图4-8a、图2-8b、图2-8c,源自罗瑞兰、周承君《图形创意》,长沙:湖南大学出版社2005年版。
07. 图7-23a、图7-23b、图7-23c、图7-23d、图7-23e、图5-16、图5-17,源自园瑞兰:《广告设计》,武汉:湖北美术出版社2006年版。
08. 图3-1,源自柳沙《设计艺术心理学》,第62页,北京:清华大学出版社2006年版,第62页。
09. 图2-4、图3-2a、图3-2b、图3-4a、图3-4b、图3-9a、图3-9b,源自阎国利《眼动分析法在心理学研究中的应用》,天津:天津教育出版社2004年版。
10. 图4-12a、图4-12b、图4-7a、图4-7b、图4-7c、图4-7d,源自展览拍摄新埭强先生作品。
11. 图4-14、图4-15、图4-21、图4-22、图4-23、图4-25、图4-26、图4-32、图4-33,源自学生习作,作者秦志云、周芸、余晶晶、张泽鑫等,余晶晶整理,周承君指导。
12. 图4-41、图4-42,罗瑞兰创意作品。
13. 图1-13、图4-38、图4-43,科拉尼作品。
14. 图4-45可乐系列创意广告,源自红动中国网,http://www.redocn.com。
15. 图5-18到图5-21,房地产广告创意作品,源自《中国广告案例年鉴》2006年册,中国出版集团东方出版中心2007年版。
16. 图7-23到图7-33,时尚新锐产品,源自视觉中国,http://www.chinavisual.com,红动中国网,http://www.redocn.com。
17. 图6-7至图6-13,源自设计在线网,http://www.dolcn.com。
18. 图4-35a、图4-35b、图4-35c、图4-40、图4-40a、图4-40b,编者在博物馆拍摄。
19. 图4-39a、图4-39b、图4-39c,王建中先生玻璃艺术作品展,编者拍摄。
20. 图7-36a、图7-36b、图7-36c、图7-36d、图7-36e,湖北工业大学2008年毕业作品展,编者参与指导并拍摄。

后　记

　　首先感谢我的老师李中扬、杜湖湘两位教授的鼓励和支持，使我能勇敢面对研究中的各种困难。

　　本教材在成书过程中，借用了设计心理学领域唐纳德·A.诺曼先生、柳沙女士、赵江洪、任立生、张成忠、李彬彬、李乐山等前辈学者的一些研究成果和观念，这些都是我学习和研究必不可少的养料，在此深表谢意。

　　另外，我的夫人罗瑞兰女士全程参与本书的讨论和编写工作；关洪、王明先生和费雯女士参与了部分章节的编写；罗锐、余晶晶等同学搜集和进行图片整理，在此一并致谢！

周承君

2008年10月8日